川西深层超高压含硫气井地面工艺技术

方 进 刘奇林 罗召钱 等著

石油工业出版社

内 容 提 要

　　本书总结了川西深层高压含硫气田地面集输工艺科学研究与生产实践的成果与经验，介绍了国内外典型超高压气井的地面采集工艺、超高压含硫气井节流工艺、超高压含硫天然气水合物预测及防治技术、超高压含硫气井井口地面安全配套工艺以及开井投产模式化流程方案。

　　本书可作为从事油气田地面工程设计、运行、管理和工程技术人员的参考用书，也可以作为高校和科研院所的油气储运工程等专业的教学参考用书。

图书在版编目（CIP）数据

　　川西深层超高压含硫气井地面工艺技术 / 方进等著
. --北京：石油工业出版社，2022.6
　　ISBN 978-7-5183-5414-6

　　Ⅰ. ①川… Ⅱ. ①方… Ⅲ. ①超高压–含硫气体–气
井–地面工程–研究–四川 Ⅳ. ①TE37

　　中国版本图书馆CIP数据核字（2022）第093975号

川西深层超高压含硫气井地面工艺技术
方　进　刘奇林　罗召钱　等著

出版发行：石油工业出版社
　　　　　（北京市朝阳区安华里二区 1 号楼 100011）
网　　址：www.petropub.com
编 辑 部：（010）64523570　　图书营销中心：（010）64523633
经　　销：全国新华书店
印　　刷：北京中石油彩色印刷有限责任公司

2022 年 6 月第 1 版　　2022 年 6 月第 1 次印刷
740 毫米 × 1060 毫米　开本：1/16　印张：10.5
字数：165 千字

定　价：58.00 元
（如发现印装质量问题，我社图书营销中心负责调换）

《川西深层超高压含硫气井地面工艺技术》

编委会

序言

习近平总书记在考察调研胜利油田时强调，石油能源建设对我们国家意义重大，中国作为制造业大国，要发展实体经济，能源的饭碗必须端在自己手里。

能源是工业的粮食、国民经济的命脉。中华人民共和国成立特别是改革开放以来，我国能够创造经济快速发展和社会长期稳定两大奇迹，离不开能源事业不断发展提供的重要支撑。"能源的饭碗必须端在自己手里"，这是对历史经验的深刻总结，是着眼现实的深刻洞察，更是面向未来的深刻昭示。对于石油天然气产业来说，把能源饭碗端在自己手里，最本质的含义就是要掌握石油天然气勘探开发的核心技术，促进石油天然气产业绿色高效可持续发展，确保国家能源供应。

作为全国三大气区之一，四川盆地经历过多次天然气上产、上大台阶的快速发展。四川盆地内常规和非常规两类天然气资源总量38万亿立方米，累计探明4.1万亿立方米，探明率小于11%，目前仍处于早中期勘探阶段，是国内下一步加快天然气发展的重点。2012年，四川盆地西北部双鱼石构造发现了下二叠统栖霞组白云岩孔隙型气藏，获中国石油天然气股份有限公司风险勘探一等奖，"当年批复、当年建成、当年投运"的剑阁天然气净化厂一次性投运成功，揭开了川西深层超深层海相碳酸盐岩气藏规模增储上产的序幕。该类型气藏具有"一超、两高、六复杂"（超深，高温、高压，构造复杂、储层复杂、气水关系复杂、地层压力系统复杂、井筒结构复杂、地面条件复杂）的特征，是国内外典型的深层超高压含硫气藏。

面临气藏高压、含硫、井筒完整性评价复杂等特征，中国石油西南油气田公司运用地质地震一体化，强力推进勘探部署实施；运用地质工程一体化，实现钻井显著提速提效；运用勘探开发一体化，高效助推高质量发展，初步攻关形成了超深碳酸盐岩有水气藏产能评价及水侵预判技术，基本解决了地面综合配套治理完整性管理难题，尤其在地面集输工程上形成的"等压设计＋固定式油嘴＋笼套式节流阀"的超高压节流标准化工艺、超高压含硫天然气节流水合物预测及防治技术以及固化形成的超高压含硫气井开井投产模式，保障了气藏自开发早期评价以来近5年的安全平稳试采，填补了国内外超高压含硫气藏开发过程中维持地面工艺"安、稳、长、满、优"运行的多项纪录空白，为深层海相碳酸盐岩气藏勘探开发理论技术体系的进一步完善奠定了坚实基础。在努力建成质量提高、效益提高、效率提高发展创效样本，奋力夺取上产500亿新会战的全面胜利的关键机遇期，中国石油西南油气田公司的科研工作者依托川西地区重大科技专项攻关，结合川西北气矿在川西北地区超高压含硫气井投产工作实践经验，系统总结了深层超高压含硫气藏在节流开采过程中攻关形成的理论与技术成果，编撰形成了《川西深层超高压含硫气井地面工艺技术》一书。

本书介绍了国内典型超高压气井地面集输工艺，对超高压含硫气井节流降压工艺、水合物防治理论进行了论述，同时结合工程实例展示了具体应用实例，综合管件材质选择、井口安全截断系统和地面站场联锁控制系统，形成了超高压含硫气井井口地面安全配套工艺，提出了工程适用性极强的超高压含硫气井开井投产模式化流程方案。全书是深层超高压含硫气藏开发过程中科研与生产紧密结合的成果，是川西深层海相气藏地面集输领域开发成果的总结，也是中国石油西南油气田公司对于探索深层油气开发禁区的实践总结的重要组成部分。

希望本书能够成为国内深层油气开发科研、生产、管理工作者的参考用书，能作为广大科研、生产、管理人员工作学习过程中的参考资料，为超深领域含硫气藏地面安全高效开发战线上的石油人提供有益信息。

中国石油西南油气田公司天然气储运与计量首席专家　余　进

2022 年 5 月 30 日

前言

天然气是清洁、优质、低碳能源，加大天然气的开发利用，对优化我国能源消费结构，促进碳达峰、碳中和目标的实现具有重要意义。四川盆地天然气资源丰富，是国内主要的天然气生产基地之一。随着我国天然气消费持续增长，中国石油西南油气田公司不断取得突破，2020年已建成300亿立方米大气区，"十四五"期间规划上产天然气500亿立方米。

川西北地区是四川盆地内勘探开发最具成长性的地区，历经60余载的艰难探索和反复实践，发现天然气储量超万亿立方米，蕴含了巨大的资源潜力。同时，川西北地区是四川盆地内勘探开发技术最具挑战性的地区。龙门山山前带地质构造复杂，钻井难度和井控风险极高，其勘探开发属世界级难题。

2014年以来，中国石油西南油气田公司先后在川西北部双鱼石区块栖霞组、九龙山茅口组、飞仙关组钻获高产工业气流，如LT1井在栖霞组获气流达$105.66 \times 10^4 \mathrm{m}^3/\mathrm{d}$，初步展现出该区域良好的开发潜力。该区气藏具有典型的超深（7000m以上）、高温（158℃）、高压（地层压力高达127.56MPa）、含硫（$0.014 \sim 15.19\mathrm{g/m}^3$）特征，部分井口压力超过100MPa，L004-X1井、L004-6井先后刷新国内含硫井口压力最高记录。然而，作为超高压含硫的酸性气田，在地面集输方面存在压力温度变化大、水合物堵塞防治难度高、地面流程安全风险高、设备管件材质选择难等特殊问题，但相关工艺及配套安全技术却无先例可以借鉴。

面对超高压含硫的酸性气田，广大技术人员从广泛调研入手，结合研究内容理论论证、现场试点，先后攻克了超高压节流、水合物防治、酸性流体腐蚀等关键技术瓶颈，为保证川西北区域天然气的高产稳产提供了保障。2016 年川渝地区最高关井压力（108MPa）气井 L004-X1 井投产，标志超高压含硫气井成功开发。依靠工艺技术积累，将关键设备国产化，并将超高压节流工艺由"五级"优化至"三级"，在其后 20 余口超高压含硫气井的开发生产中应用推广，成功实现了天然气大压差节流、水合物防治与地面安全配套等工艺，创新形成了"固定油嘴＋笼套式节流阀"的超高压节流工艺。2021 年 11 月，全国最高关井压力（108.6MPa）的含硫气井 L004-6 井成功投产，再次刷新最高关井压力记录。

本书以超高压含硫气田地面集输系统为对象，介绍了超高压含硫气田地面安全集输的一系列关键技术，全面展示了超高压含硫天然气大压差节流工艺技术、天然气水合物预测及防治技术与井口地面安全配套工艺技术，构建了超高压含硫气井开井投产模式化流程方案，为其他超高压含硫气田的生产运行提供借鉴。

本书由中国石油西南油气田公司长期从事超高压含硫气藏地面节流、水合物防治等工艺技术研究和应用实践工作的专业技术人员，结合超高压含硫气井开井投产运行模式化流程编写完成，具有较强的理论指导意义和实际应用价值。全书由方进、刘奇林和罗召钱统编。

西南油气田公司天然气储运与计量首席专家余进和西南石油大学油气储运国家重点学科带头人李长俊教授团队为本书的编写提出了许多宝贵意见并提供了丰富的材料。在此，对所有提供指导、关心、支持和帮助的单位、领导、技术人员以及为本书所引用参考资料的有关作者表示衷心的感谢！

鉴于编者水平有限，本书难免存在一些不足之处，敬请读者批评指正。

目录

扫描二维码
查看彩图

第一章

超高压天然气集输现状及挑战

天然气是清洁、优质能源，在"碳达峰、碳中和"目标（简称"双碳"目标）的提出和我国油气资源对外依存度逐步攀升的背景下，加快国内天然气的勘探、开发和利用，提升国内天然气产量，是促进"双碳"目标实现和保障国家能源安全的重大举措。近年来，我国天然气勘探开发不断向深层（超深层）气藏区域推进，发现了一大批高压（超高压）气田，逐步探索形成了具有我国特色的高压（超高压）气田地面集输工艺技术。

1.1 高压超高压气藏分类

《高压油气井测试工艺技术规程》（SY/T 6581—2012）根据气藏井口关井压力，将气藏分为中低压气藏、高压气藏和超高压气藏三类（表 1–1）。《天然气藏分类》（GB/T 26979—2011）根据天然气中 H_2S 的含量，将含硫气藏划分为微含硫气藏、低含硫气藏、中含硫气藏、高含硫气藏、特高含硫气藏、硫化氢气藏六类（表 1–2）。

表 1–1　气井按压力分类 [1]

分类	中低压气藏	高压气藏	超高压气藏
井口关井压力 /MPa	<35	35 ~ 70	≥70

表 1-2　含 H$_2$S 气藏分类 [2]

分类	微含硫气藏	低含硫气藏	中含硫气藏	高含硫气藏	特高含硫气藏	硫化氢气藏
H$_2$S 含量 /g/m^3	<0.02	0.02 ~ 5.0	5.0 ~ 30.0	30.0 ~ 150.0	150.0 ~ 770	>770.0
H$_2$S 体积分数 /%	<0.0013	0.0013 ~ 0.3	0.3 ~ 2.0	2.0 ~ 10.0	10.0 ~ 50.0	>50.0

综合考虑天然气藏的压力和含硫量，笔者将天然气气藏分为九类，综合分析其集输工艺特点，分别为：中低压低含硫气藏（p<35MPa，H$_2$S 含量 <0.3%）、中低压中高含硫气藏（p<35MPa，0.3% ≤ H$_2$S 含量 <10%）、中低压特高含硫气藏（p<35MPa，H$_2$S 含量 >10%）、高压低含硫气藏（35MPa ≤ p<70MPa，H$_2$S 含量 <0.3%）、高压中高含硫气藏（35MPa ≤ p<70MPa，0.3% ≤ H$_2$S 含量 <10%）、高压特高含硫气藏（35MPa ≤ p<70MPa，H$_2$S 含量 ≥ 10%）、超高压低含硫气藏（p ≥ 70MPa，H$_2$S 含量 <0.3%）、超高压中高含硫气藏（p ≥ 70MPa，0.3% ≤ H$_2$S 含量 <10%）以及超高压特高含硫气藏（p ≥ 70MPa，H$_2$S 含量 ≥ 10%）。

1.2　塔里木盆地典型超高压气井集输工艺

我国的陆上大型气田主要分布在鄂尔多斯盆地、四川盆地、塔里木盆地、松辽盆地、柴达木盆地和准噶尔盆地，其中高压气田主要分布在四川盆地、塔里木盆地和准噶尔盆地。为此，调研了塔里木盆地克深气田、迪那 2 气田，四川盆地九龙山气田、河坝气田、双鱼石区块等国内代表性的高压（超高压）气田井口集输工艺。

1.2.1　克深气田井口工艺

以克深 133 井为例介绍克深气田井口工艺。克深 133 井是塔里木盆地库车坳陷克深区带克深 13 号构造西高点的一口评价井，位于新疆阿克苏地区拜城县城东北约 38.4km，克深 13 井西约 3.5km。该井于 2016 年 12 月 7 日开钻，设计井深 7660.00m；于 2017 年 10 月 15 日完钻，完钻井深 7560.82m；完钻层位为白垩系巴什基奇克组；地层压力 110.436MPa。

（1）集输方案简述。

克深 133 井单井井口装置如图 1-1 所示。安装有双翼双阀采气树，采用井口控制盘控制井下安全阀和井口液动阀门，来实现对井口的安全控制。井口放喷翼采用20000psi一级笼套式节流阀控制；生产翼采用二级节流，一级节流安装5mm固定式油嘴，最大节流压差达到50～60MPa；二级节流阀安装可调式油嘴，节流压差40MPa。天然气经油嘴两级节流后接入试采干线，输往下游处理厂进行脱汞、脱蜡、脱水。

图1-1　克深133井井口装置

井口自动控制系统由远程终端单元（Remote Terminal Unit，RTU）装置来完成控制，备用不间断电源（Uninterruptible Power Supply，UPS）一套。场站出站无静电放电（Electro Static Discharge，ESD），与试采干线接点安装有单流阀。若场站发生火灾或泄漏，可通过远程操控或就地进行关井，再手动点火放空。

（2）工艺流程特点。

克深133井临时生产流程工艺流程如图1-2所示，其工艺特点如下。

① 节流级数简化。克深133井节流工艺仅采用两级节流，一级节流采用固定油嘴，以降压为主，可减少操作；二级节流阀采用电动可调油嘴，根据井位产量选用组合，设计不同阀系数的笼套，使油嘴同时具有固定和可调的优势。两级油嘴均实现国产化，相比进口油嘴，在成本降低的同时，采购周期也大幅缩短，有利于现场维护保养。其中，固定式油嘴与电动油嘴的优缺点比较见表1-3。

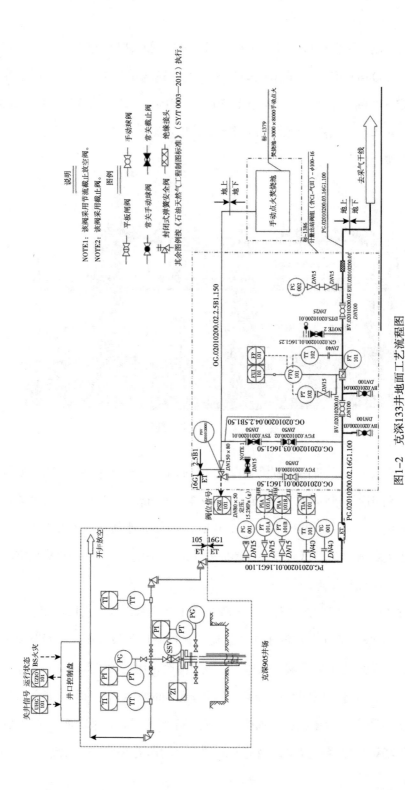

图1-2 克深133井地面工艺流程图

4

表 1-3　固定式油嘴与电动油嘴优缺点比较

节流阀	优点	缺点
电动油嘴	①能在线精确调节生产产量； ②密封性能好，生产时比固定油嘴的安全性能高	①冲蚀快，配件昂贵，检修周期短； ②不能长期稳产，更换花费人力物力多； ③笼套损坏所产生的碎片对下游管线及设备造成再次破坏
固定油嘴	①耐冲蚀，能较好地稳产； ②更换方便，价格非常便宜	①不能在线调节生产产量，调产需关井； ②密封性能比电动式油嘴差； ③不能实现远程关断

②自动化程度高：所有可调油嘴均可实现远程控制；现场普遍采用变送器，就地显示的钢制压力表、温度计较少，减少仪表管道开孔数量，有效减少泄漏点。

③出站 ESD 简化为单流阀，有效降低建设成本。

1.2.2　迪那 2 气田工艺

（1）集输方案简述。

迪那 2 气田为塔里木盆地的异常高压高温凝析气田，井口流动压力 50.7 ~ 80.23MPa，井口流动温度 69 ~ 82℃。井口设置井下安全截断阀和井口安全截断阀，在超压或失压情况下可自动快速关闭气井。井口采用"Y"字形结构布置两级节流阀，最大节流压差 40 ~ 50MPa，适应高压差、大流量的节流工况（图 1-3）。

图1-3　迪那2气田井口采气装置

单井配置两级节流阀，一级节流后压力降至 30 ~ 40MPa，二级节流后压力降至 12.1 ~ 14.2MPa，温度降至 51 ~ 67℃。两级节流阀均采用电动执行机构驱动（笼套式可控电动节流阀），不设置防冻措施。单井采用单翼生产，另一翼为放喷。设置专用计量管道实现单井的轮换计量，简化流程。

为充分利用地层压力能，气田集输采用高压集气工艺技术。集气系统运行压力高达 14.2MPa，设计压力达到 15MPa，设置防冻剂加注系统，向采气管线、集气管线里加防冻剂。迪那 2 气田集气管道为 2009 年以来国内凝析气田运行压力最高、管径最大的长距离气液混输管道。

（2）工艺流程特点。

① 采气树防冲蚀设计：为减少采气树的气流冲蚀，采气树侧翼采用 45° 的出口方式，高压节流阀前，整个高压管道也采取 45° 安装。

② 抗腐蚀材料选择：与天然气接触的管件、管线、中压阀门均选用材质 22Cr，高压节流阀均选用高强度碳钢堆焊 Inconel 625，放喷翼材质为 EE 级；不设置缓蚀剂加注系统。集输站场及集气干线重点部位采用 22Cr 双相不锈钢，集气支线、计量管道采用 316L 双金属复合钢管，提升整个集输系统抗 CO_2 及 Cl^- 腐蚀的性能。

③ 分段压力设计：井口采气树至二级节流阀前取 105MPa，二级节流阀后取 15MPa。在变强度设计压力的位置上（二级节流阀后），均设置高压取压点，与井口地面安全系统联锁，并设置安全阀泄压保护。

④ 气液混输工艺：采用气液混输工艺，设置液塞捕集器，有效捕集和分离混输管道中的液体，消除对后续处理设备的冲击，保证运行平稳。

1.3 四川盆地典型超高压气井集输工艺

1.3.1 九龙山气田井口工艺

（1）集输方案简述。

九龙山气田天然气集输干线起于苍溪县，勘探开发始于 20 世纪 70 年代。

2009 年以来，通过加大勘探开发力度，先后在飞仙关组、茅口组发现了井口关井压力超过 100MPa、无阻流量超百万立方米的高产工业气流（表 1-4）。

表 1-4 九龙山二叠系、三叠系各井地层压力、温度及测试产量数据表

井号	层位	井口压力 /MPa	地层压力 /MPa	中部井深 /m	气层温度 /℃	测试产量 /（$10^4m^3/d$）
L16 井	飞仙关组	82.076	98.347	5210.0	122.51	15.496
L17 井	吴家坪组	110.220	128.402	5598.5	139.80	3.310
L4 井	茅口组	106.740	126.130	5998.5	—	20.970
L17 井	栖霞组	107.600	131.090	5868.5	149.50	32.230
L16 井	茅口组	—	127.928	5942.9	140.20	251.740

九龙山气田茅口组采用六级节流降压、两级加热的高压节流技术。井口至一级节流阀前取 138MPa，一级节流阀后至四级节流阀前取 99MPa，四级节流阀后至六级节流阀前取 32MPa，六级节流阀后取 6.3MPa。采用在试油工程应用的高压加注橇装装置加注缓蚀剂和抑制剂，防止井口腐蚀和水合物堵塞。同时，为防止停产时高压管路里的天然气冰堵，高压管路考虑电伴热及保温措施。从超压保护上考虑，在变强度设计压力的位置上，均设置高压取压点，与井口地面安全截断阀（翼阀）联锁，最高设定压力 41.37MPa，因此在变强度设计压力的位置上（四级节流阀前），不再设置安全阀泄压。

九龙山气田飞仙关组采用四级节流降压，两级加热的高压节流技术。井口至二级节流阀前取 99MPa，二级节流阀后至四级节流阀前取 50MPa，四级节流阀后取 6.3MPa。为防止停产时高压管路里的天然气水合物堵塞，高压管路采用电伴热及保温措施。与茅口组相似，在变强度设计压力的位置上，均设置高压取压点，与井口地面安全截断阀（翼阀）联锁。同时，在设计压力小于关井压力的位置，不设安全阀（二级节流阀后至四级节流阀前），增加一个高压取压点与井口地面安全截断阀（主阀）联锁。

（2）工艺流程特点。

① 非标准管件设计和连接技术：从非标准管件选用材质上考虑，设计压力

为 50 ～ 100MPa 的管件，如测温测压套、弯头、三通等和管线连接时只能采用法兰连接，且为金属环密封结构，不允许采用焊接连接。管件材料根据《天然气地面设施抗硫化物应力开裂和应力腐蚀开裂金属材料技术规范》（SY/T 0599—2018）规定只能采用 35CrMoA。

② 高压节流管路串并联比选：节流阀串联和并联的方式，都能满足生产要求，其优缺点的比较见表 1–5。但是，由于 L16 井井口压力高，节流阀串联不方便日常的生产管理，采用节流阀并联，流程切换方便，更有利于井站日常的生产管理，所以推荐节流阀并联。

表 1–5　节流阀串联和并联的优缺点比较表

布置方式	节流阀串联	节流阀并联
优点	形式简单，阀门数量少，投资少	B 阀损坏，可切换到 A 阀生产，易于切换
缺点	B 阀损坏，则需关井更换	形式复杂，阀门数量多，投资多

1.3.2　河坝气田井口工艺

（1）集输方案简述。

河坝气田位于四川盆地通南巴地区，以 HB1 井为例分析河坝气田的井口工艺设计。HB1 井原始地层压力 111.1MPa，井口最高关井压力 94.5MPa，地层温度 151℃，天然气无阻流量大于 $400 \times 10^4 m^3/d$，H_2S 含量 $1g/m^3$，是典型的高压、高产、高温气井。

HB1 井采气树结构为"十"字形，压力级别为 140MPa，材料级别为 FF 级，性能级别为 PR2，规范级别为 PSL3G，温度级别为 U 级。井口采用四级节流、两级加热的高压节流技术，地面流程如图 1–4 所示。由于井口最高关井压力为 94.5MPa，而外输设计压力为 6.4MPa，需对井口高压气体进行节流。为保证节流阀安全性及节流效果，按每级节流阀节流 30MPa 以下进行设计，因此井口至水套炉前考虑进行三级节流，共采用两套三级节流汇管，一级节流后压力不大于 60MPa，二级节流后压力不大于 30MPa，三级节流后压力不大于 18MPa；一级节流前设计压力为 105MPa，一级节流后至二级节流前设计压力为 70MPa，二级节流后至四级节流前设计压力为 60MPa，四级节流后设计压力为 6.4MPa。

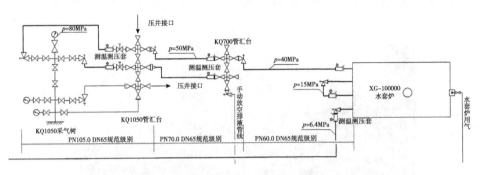

图1-4　HB1井地面流程示意图

在 70MPa 分配管汇后设置水套加热炉，采用两级加热两级节流降压，将天然气压力由 20MPa 左右降到 5 ~ 6MPa 后，进入常规低压流程外输。同时，在井口附近安装一套防冻剂注入装置，当天然气温度低于水合物形成温度时，注入防冻剂（乙二醇）以防止水合物形成。从超压保护上考虑，在变强度设计压力的位置上，设置高压取压点，与井口地面安全系统联锁，无安全阀泄压保护。

（2）工艺流程特点。

① 井口安全保护系统：HB1 井分别在井下、井口和地面安装了三重安全紧急截断阀。安全紧急截断系统主要由安全紧急截断阀和控制系统组成，保证地面设备超压的情况下，可以有效关井，确保地面工程的安全。

② 缓蚀剂加注系统：设置高压加注系统，向超高压管路加缓蚀剂。

1.3.3　双鱼石区块井口工艺

（1）集输方案简述。

双鱼石区块位于四川省广元市剑阁县，是中国石油西南油气田公司的重要勘探区块之一。在近年来的勘探开发中也发现了多口关井压力超过 100MPa 的超高压含硫气井。以 ST1 井为例，介绍双鱼石区块的井口工艺（图 1-5）。

ST1 井产层为下二叠统茅口组，原始地层压力 122.88MPa，地层温度 146.7℃，关井井口最高压力104MPa，为超高压、高温气井。该井天然气气质分析：CH_4含量96.09%，H_2S含量0.13%，CO_2含量2.04%，为低含硫干气。计算该井按$30 \times 10^4 m^3/d$规模生产时井口温度48.84℃，气井生产过程中可能产凝析水。

图1-5　控制系统现场实物图

ST1井为超高压含硫气井，井口采用五级节流、一级加热的技术方案，将高压含硫天然气从104MPa安全节流至3.4MPa后输送至下游分离、计量、脱硫，然后向广元地区供气。

由于井口气体压力为104MPa，而外输压力为3.4MPa，需对井口高压气体进行节流。为保证节流阀安全性及节流效果，按每级节流阀节流30MPa以下进行设计，因此考虑进行五级节流，一级节流后压力不大于79MPa，二级节流后压力不大于54MPa，三级节流后压力不大于29MPa，三级节流前采用等压设计，设计压力为20000psi，井口节流过程中考虑节流压差大，易形成水合物，为防止节流后水合物阻塞管道，考虑了加热及注醇方案。根据ST1井试采井口压力、温度和气质参数，计算天然气水合物形成温度见表1-6。正常生产时，四级节流之前无水合物形成风险，因此水套加热炉设置于四级节流阀后。但是在开井初期由于井温较低，在开井时设置蒸汽伴热车对四级节流前管道进行保温伴热，防止形成水合物。

表1-6 ST1井节流温度及水合物形成温度

位置	节流后压力/MPa	流体温度/℃	加热后温度/℃	水合物形成温度/℃
井口	104	48.84	—	34.7
一级节流阀后	79	56.12	—	32.3
二级节流阀后	54	58.94	—	29.1
三级节流阀后	29	50.58	—	24.3
四级节流阀后	12	23.10	—	17.4
五级节流阀后	3.4	−14.74	18.75	5.6

（2）工艺流程特点。

① 一体化井口系统优化设计和控制技术：控制系统总体由3个部分构成，即井口地面主（翼）安全阀、现场控制回路及压力传感器、井口控制柜。井口安全系统采用2只叠式气动安全阀串联冗余安装在井口采气树翼侧，通过一体化优化设计整合到控制系统中整体控制。同时，在控制系统中另设地面主安全阀控制手柄，通过选择开关切换，控制液动主安全阀（图1-6）。采用2只气动翼安全

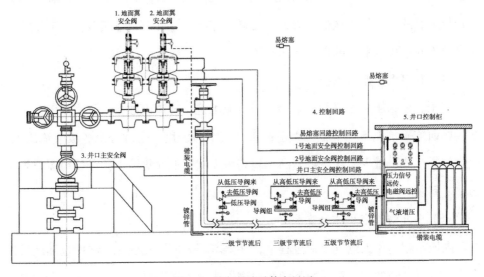

图1-6 控制系统总体布局图

阀串联布置与 1 只主安全阀的关联控制在国内尚属首次，该设计方式进一步保证了超高压井井口安全控制系统的有效关闭，让整个系统更加可靠、安全。

②超高压压力传感器保护技术：高（低）压压力传感器［即高（低）压导阀］分级设置可有效实现工艺管线在超高压及欠压下的自动保护。ST1 井压力传感器选择美国 BWB 公司产品，图 1-6 为油气田井口安全控制系统专用产品。

③笼套式节流阀的应用：采用笼套式节流阀，防优先流结构，调节压力范围大、泄漏量小、压差较为平滑、节流阀节流效果较为理想、防振动、使用寿命长；能通过设置的开度指示机构确定节流阀开启面积；受压元件、控压元件采用锻造成型，组织致密，能在高压环境下长期工作，内腔堆焊 625 耐蚀合金加控压元件的高温合金材料，抗 H_2S、CO_2、Cl^- 腐蚀。节流阀采用国产笼套式节流阀，阀芯、笼套均为碳化钨材质，阀体（出口法兰）采用高强度低合金钢。

1.4　超高压含硫气田集输关键技术挑战

总结国内超高压气井的节流工艺，总体上都是井口的超高压天然气经过二级或多级节流后，通过（不通过）气液分离，以相对较低压力进入到单相（多相）地面集输管网系统进行输送和净化处理。在地面集输管网系统内，气体的压力、组分与现有的气田的集输处理方式并无显著差异。因此，集输工艺技术的挑战主要表现为井口集输部分的以下方面问题。

（1）井口大压差节流技术。

高压、超高压天然气常常采用多级节流工艺，节流级数多，压力温度变化复杂。如何准确预测不同节流压差下的天然气节流温度，合理分配各级节流压差，优化节流工艺、减少节流级数是高压超高压天然气地面集输工艺设计中需要解决的重要问题。

（2）水合物预测及防治技术。

高压、超高压天然气节流过程中，伴随着压力的剧烈变化，温度也随之发生变化。当温度降低到一定压力下的水合物生成温度以下时，就会生成水合物堵塞节流阀等装置，造成停产。但是，从公开文献看，川西北气田的天然气压力超出了现有水合物生成条件预测模型的压力范围。优选、改进水合物生成条件预测模型，实现高压、超高压条件下的水合物预测，制订经济且合理的抑制剂注入、加热等水合物防治方案地面集输工艺设计中需要解决的重要问题。

（3）井口设备的材质优选及腐蚀冲蚀防护技术。

川西北地区九龙山气田、双鱼石区块部分层系产出的天然气虽然硫化氢含量不高，但是关井压力高，导致硫化氢分压高达 1MPa 以上（例如 L16 井 H_2S 含量为 0.81%，关井压力达到 119.3MPa）。在高硫化氢分压下，材料的抗冲蚀、腐蚀性能大大降低。针对川西北地区的实际情况，选择合适的井口设备材质，分析节流阀的冲蚀特征，对于保障井口设备安全具有重要意义。

（4）井口设备的安全管控技术。

高压、超高压井口天然气压力高，与下游集气设备的压差大。虽然在工艺设备（如水套加热炉、分离器）上都设置了安全阀，保证了工艺设备不超压和安全运行，但当井口下游设备故障或安全阀故障时，将威胁工艺设备的安全运行。如果下游管线破裂，必将引起天然气大量泄放，特别是对于酸性气体，若点火不及时，将对站场操作人员和周边居民的人身安全造成极大的威胁。为防止此类事故，在井口设置井口地面安全截断系统和井口安全控制系统，减少放空或不放空，保护操作人员和周边居民的人身安全，减少环境污染。

（5）高压超高压井口安全开井技术。

超高压含硫天然气井口压力高、天然气含硫，在开井过程中如果操作不当就会引发设备超压、有毒天然气大量泄放等重大安全生产事故。因此，结合充分的工艺实践，固化井口安全开井技术流程，确保开井安全是气井生产标准化的必然要求。但是，国内外尚无此类超高压含硫天然气井口安全开井的标准化模式可供借鉴。

第二章

超高压含硫气井节流工艺

超高压天然气井口压力可高达 100MPa 以上，而地面集输系统的承压范围往往不超过 10MPa。为了保证地面集输系统安全，天然气在井口首先就需要进行节流降压。受天然气焦耳—汤姆逊效应影响，随着天然气压力的变化，温度也会发生变化。准确预测不同节流压差下的天然气节流温度，合理分配各级节流压差，是优化设计节流工艺的基础和前提。

2.1 节流油嘴及节流阀

节流阀是通过改变节流截面或节流长度以控制流体流量的阀门，是一种简易的流量控制阀。其外形结构与截止阀并无区别，只是启闭件的形状有所不同。节流阀没有流量负反馈功能，不能补偿由负载变化所造成的速度不稳定，一般仅用于负载变化不大或对速度稳定性要求不高的场合。

介质在节流阀瓣和阀座之间流速很大，以致使这些零件表面很快损坏，即所谓汽蚀现象。为了尽量减少汽蚀影响，阀瓣采用耐汽蚀材料（合金钢制造）并制成顶尖角为 140° ~ 180° 的流线型圆锥体，这还能使阀瓣有较大的开启高度，一般不推荐在小缝隙下节流。因此，对节流阀的性能要求是：流量调节范围大，流量—压差变化平滑；内泄漏量小，若有外泄漏油口，外泄漏量也要小；调节力矩小，动作灵敏。

根据节流阀的阀芯结构形式的不同，节流阀可分为简易式和复合式两种。简易式分为孔板式、针形式两种，主要用于钻井管汇、低压井口，使用寿命不长。复合式分为笼套式、外笼套式、迷宫式三种（图2-1），主要应用于压力较高的生产井口，使用寿命长。

（a）笼套式　　（b）外笼套式　　（c）迷宫式

图2-1　节流阀复合阀芯结构图

笼套式节流阀由一系列开孔的笼套构成，依靠流体自身的冲击，将能量扩散在流体里。由于笼套上的开孔非常大，不易形成杂质堵塞，因此适用于各种生产井、钻井液的工况。为增强笼套式节流阀的抗冲蚀能力，阀芯里面是硬而脆的碳化钨，外面是较好的韧性的合金钢。挪威船级社（DNV）实验[3]证明，笼套式节流阀的抗冲蚀能力最强。

迷宫式节流阀是依靠阀芯对气体摩擦，耗散流体的能力，降低流速和压力。迷宫式节流阀在速度停滞区杂质会堆积，并造成堵塞，气体的摩擦会直接导致阀芯的冲蚀加剧。因此，迷宫式节流阀不适合生产井直接产出、没有经过净化和过滤的气体；特别是如果流体中有砂，冲蚀将加剧。DNV实验证明迷宫式节流阀的抗冲蚀能力最弱。

除了上述节流阀外，油嘴也在井口节流中得到广泛应用。油嘴由一个流动截面突然缩小的直通式元件构成，天然气在流经突然缩小的截面时，流速增大，与油嘴壁面的摩擦增大，从而耗散能量。根据油嘴直径大小是否可以调节，分为固定式油嘴和可调式油嘴（图2-2、图2-3）。

图2-2　固定式油嘴

图2-3　国产电动可调式油嘴外观及内部结构

对于不同类型节流阀的流动参数的计算涉及不同开度下油嘴节流压降的计算，以及不同压降下节流温度的计算。

2.2　超高压含硫气井节流温降计算模型

2.2.1　等焓节流原理

天然气流过节流装置时，因过流截面突缩，其流速会迅速增大，造成局部阻力增大，使其压力显著下降。因此，天然气在不同类型节流阀内的流动可以简化为图 2-4 所示的节流过程。

天然气在节流过程中流速极快，可视为绝热一维流动过程，满足等焓节流原理，即节流前后气液两相混合物的焓值相等。

$$h_1 = h_2 \qquad\qquad (2-1)$$

焓值可表示为压力、温度、气体组分的函数，即：

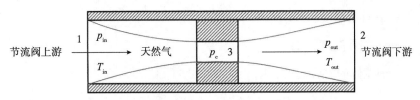

图2-4 节流过程示意图

1——入口截面；2——出口截面；3——节流阀孔口；

p_{in}——入口处气体压力；p_{out}——出口处气体压力；

T_{in}——入口处气体温度；T_{out}——出口处气体温度

$$h = f(p, T, C) \tag{2-2}$$

式中　p——压力；

　　　T——温度；

　　　C——气体组分。

在节流前后天然气的组分是不变的，若已知节流前后的压力、节流前的温度，就可以计算出节流后的温度。在此条件下，焓值计算的准确性就决定了节流温度计算的准确性。

2.2.2　基于 Lee–Kesler 状态方程的焓值计算

Lee–Kesler（LK）方程是由 Lee 和 Kesler 于 1975 年基于对应状态原理提出的一个三参数状态方程[4]。该方程的形式为：

$$z^{(i)} = \frac{p_r v_r}{T_r} = 1 + \frac{B}{v_r} + \frac{C}{v_r^2} + \frac{D}{v_r^5} + \frac{c_4}{T_r^3 v_r^2}\left(\beta + \frac{\gamma}{v_r^2}\right)\exp\left(\frac{-\gamma}{v_r^2}\right) \tag{2-3}$$

式中　$z^{(i)}$——压缩因子，当式（2-3）应用于简单流体时，$z^{(i)} = z^{(0)}$；当应用于参考流体时，$z^{(i)} = z^{(h)}$；

　　　p——压力，Pa；

　　　v_r——简单流体或参考流体的对比比容，$v_r = p_c v/RT_c$；

　　　v——简单流体或参考流体（辛烷）的摩尔比容，m^3/mol；

　　　p_c——流体的临界压力，Pa；

　　　R——气体常数，取值 8314J/（kg·mol）；

T_r——对比温度，T/T_c；

T_c——临界温度，K；

T——流体的实际温度，K。

$$B = b_1 - b_2/T_r - b_3/T_r^2 - b_4/T_r^3 \qquad （2-4）$$

$$C = c_1 - c_2/T_r + c_3/T_r^3 \qquad （2-5）$$

$$D = d_1 + d_2/T_r \qquad （2-6）$$

其中，b_1、b_2、b_3、b_4、c_1、c_2、c_3、c_4、d_1、d_2、β、γ 均是与流体类型相关的参数，取值见表 2-1[5]。

表 2-1　LK 方程中常数的取值

常数	简单流体	参考流体	常数	简单流体	参考流体
b_1	0.1181193	0.2026579	c_3	0.0	0.016901
b_2	0.265728	0.331511	c_4	0.042724	0.041577
b_3	0.154790	0.027655	$d_1 \times 10^4$	0.155488	0.48736
b_4	0.30323	0.203488	$d_2 \times 10^4$	0.623689	0.074036
c_1	0.0236744	0.0313385	β	0.65392	1.226
c_2	0.0186984	0.0503618	γ	0.060167	0.03754

式（2-3）即为 LK 方程的基本形式。若将该方程应用于纯物质时，其中的临界参数为纯物质的真实临界温度、临界压力和临界比容。若将方程应用于混合物时，则为混合物的虚拟临界温度和虚拟临界压力。因此，混合规则选择的准确性决定了焓值计算的准确性。

2.2.3　超高压天然气 Lee-Kesler 状态方程混合规则

通过研究发现，基于 LK 状态方程计算凝析气的焓、密度、压缩因子等物性参数时，应根据凝析气所处的温度和压力状态使用如下的组合型混合规则：（1）若凝析气处于对比温度 $T_r>1$ 且对比压力 $p_r>5$ 的高温高压状态下，应采用 Plocker-Knapp 混合规则计算虚拟临界温度，采用 Prausnitz-Gunn 规则计算虚拟临界压力；（2）若凝析气处于 $T_r<1$ 或 $p_r<5$ 的状态下，应采用 API 混合规则计算

虚拟临界温度和虚拟临界压力。具体混合规则如下：

（1）Plocker–Knapp 混合规则。

Plocker、Knapp 和 Prausnitz 等[6]认为，LK 混合规则仅能适用于含有较小非极性分子的混合物。为此，他们主要对 LK 混合规则中虚拟临界温度的计算式进行了修改，在其中引入了组分二元交互系数，并通过实验测得了不同体系的二元交互系数值。结合了该混合规则的 LK 方程又称为 LKP 状态方程。LKP 方程能够应用于含 CO_2、H_2 和 H_2S 等具有较宽沸点范围的极性或弱极性混合物体系。

$$T_{cm} = \frac{1}{v_{cm}^{1/4}} \sum_{i=1}^{n} \sum_{j=1}^{n} x_i x_j v_{cij}^{1/4} T_{cij} \qquad (2-7)$$

$$v_{cm} = \frac{1}{8} \sum_{i=1} \sum_{j=1} y_i y_j \left(v_{ci}^{1/3} + v_{cj}^{1/3} \right)^3 \qquad (2-8)$$

$$\omega_m = \sum_{i=1} y_i \omega_i \qquad (2-9)$$

$$p_{cm} = \frac{\left(0.2905 - 0.085 \omega_m \right) R T_{cm}}{v_{cm}} \qquad (2-10)$$

$$T_{cij} = \left(T_{ci} T_{cj} \right)^{1/2} k_{ij}' \qquad (2-11)$$

$$v_{cij} = \frac{1}{8} \left(v_{ci}^{1/3} + v_{cj}^{1/3} \right)^3 \qquad (2-12)$$

式中　y_i——组分 i 的摩尔分率；

　　　T_{ci}——组分 i 的临界温度，K；

　　　p_{ci}——组分 i 的临界压力，Pa；

　　　ρ_i——组分 i 的临界密度，kg/m^3；

　　　T_{cm}——混合物的虚拟临界温度，K；

　　　p_{cm}——混合物的虚拟临界压力，Pa；

　　　ρ_{cm}——混合物的虚拟临界密度，kg/m^3；

　　　v_{ci}——组分 i 的临界比容，m^3；

v_{cm}——混合物的虚拟临界比容，m^3/mol；

ω_i——组分 i 的偏心因子；

ω_m——混合物的偏心因子；

R——气体常数，取值 8314J/（mol·K）；

k'_{ij}——组分 i 和组分 j 的交互系数。

（2）Prausnitz–Gunn 虚拟临界压力计算混合规则。

Prausnitz 和 Gunn[7] 认为，在超临界温度（$T_r>1$）和高压（$p_r>5$）下，采用式（2–13）计算虚拟临界压力，将显著提高状态方程对高温高压下混合物物性参数的计算精度。

$$p_{mc} = \frac{RT_{mc}\sum\limits_{i=1}^{n} z_{ci}}{\sum\limits_{i=1}^{n} y_i V_{ci} M_i} \qquad (2–13)$$

式中 M_i——组分 i 的摩尔质量，g/mol；

z_{ci}——组分 i 的临界压缩因子。

（3）API 混合规则。

API 数据手册中推荐在 LK 方程中采用下面的混合规则 [5]：

$$T_{cm} = \frac{1}{4v_{mc}}\left[\sum_{i=1}^{n} y_i v_{ci} T_{ci} + 3\left(\sum_{i=1}^{n} y_i v_{ci}^{2/3}\sqrt{T_{ci}}\right)\left(\sum_{i=1}^{n} x_i v_{ci}^{1/3}\sqrt{T_{ci}}\right)\right] \qquad (2–14)$$

$$v_{cm} = \frac{1}{4}\left[\sum_{i=1}^{n} y_i v_{ci} + 3\left(\sum_{i=1}^{n} y_i v_{ci}^{2/3}\right)\left(\sum_{i=1}^{n} y_i v_{ci}^{1/3}\right)\right] \qquad (2–15)$$

$$v_{ci} = \frac{(0.2905 - 0.085\omega_i)RT_{ci}}{p_{ci}} \qquad (2–16)$$

$$\omega_m = \sum_{i=1} y_i \omega_i \qquad (2–17)$$

$$p_{cm} = \frac{(0.2905 - 0.085\omega_m)RT_{cm}}{v_{cm}} \qquad (2–18)$$

2.2.4 焓值计算模型

对于组分一定的理想气体，焓值只是温度的函数，而实际气体的焓值则是温度与压力的函数。LK 方程是通过考虑压力对理想气体焓值的影响来计算实际气体和实际液体的焓值的，如式（2-19）所示：

$$H = H^0 - \frac{RT_c}{M} F_H \qquad (2-19)$$

式中　H——实际气体的总焓值，J/kg；假设 0K 时每 kg 气体的焓值为 0J；

　　　H^0——理想气体的焓值，J/kg；

　　　F_H——压力对实际流体焓值的无量纲影响因子，采用式（2-20）计算。

$$F_H = F_H^{(0)} + \frac{\omega}{\omega^{(h)}} \left(F_H^{(h)} - F_H^{(0)} \right) \qquad (2-20)$$

式中　$F_H^{(0)}$——压力对简单流体焓值的无量纲影响因子，可通过式（2-21）计算得到；

　　　$F_H^{(h)}$——压力对参考流体焓值的无量纲影响因子，由式（2-21）计算得到；

$$F_H^{(i)} = -T_r \left(z^{(i)} - 1 - \frac{b_2 + 2b_3/T_r + 3b_4/T_r^2}{T_r V_r} - \frac{c_2 - 3c_3/T_r^2}{2T_r V_r^2} + \frac{d_2}{5T_R V_r^5} + 3E \right) \qquad (2-21)$$

$$E = \frac{c_4}{2T_r^3 \gamma} \left[\beta + 1 - \left(\beta + 1 + \frac{\gamma}{V_r^2} \right) \exp\left(-\frac{\gamma}{V_r^2} \right) \right] \qquad (2-22)$$

式中　i——当方程应用于简单流体时，$i=0$；若将方程应用于参考流体时，$i=h$。

2.3 超高压含硫天然气节流温降计算模型的验证及应用

2.3.1 节流温降计算模型精度验证

将采用上述模型计算得到的节流前后温度与川西北地区龙岗气田、九龙山气田的实际温度数据进行对比，验证模型的精度。为了表征状态方程计算值与实际值的偏差，定义计算偏差见式（2-23）：

$$\theta = T_{\text{计算}} - T_{\text{实际}} \qquad (2-23)$$

式中 θ——误计算偏差，℃；

$T_{计算}$——温降模型计算得到的节流温度，℃；

$T_{实际}$——实际节流温度，℃。

L004-X1 井（硫化氢含量 1.01%）、ST1 井（硫化氢含量 0.13%）、L016-H1 井（不含硫化氢）的实测各级节流阀前后的压力温度见表 2-2 至表 2-4。

表 2-2 L004-X1 井节流数据

位置	节流后压力 /MPa	流体温度 /℃
井口	88.5	32.60
井口针阀后	75.7	37.30
一级节流阀后	49.5	39.83
二级节流阀后	22.3	25.83
三级节流阀后	20.7	23.52
四级节流阀前	21.0	47.80
四级节流阀后	12.1	27.02
五级节流阀前	12.0	47.40
五级节流阀后	5.0	23.61

表 2-3 ST1 井节流数据

位置	节流后压力 /MPa	流体温度 /℃
井口	104.0	48.84
一级节流阀后	79.0	56.12
二级节流阀后	54.0	58.94
三级节流阀后	29.0	50.58
四级节流阀后	12.0	23.10
五级节流阀后	3.4	-14.74

表 2-4 L016-H1 井节流数据

位置	节流后压力 /MPa	流体温度 /℃
井口针阀后	75.10	50.81
一级节流阀后	34.20	46.40
二级节流阀后	12.50	25.20

续表

位置	节流后压力 /MPa	流体温度 /℃
三级节流阀后	10.21	16.59
四级节流阀后	10.07	16.84

将上述实测数据与建立模型预测数据和 HYSYS 软件预测值进行对比，得到误差对比见表 2-5。

表 2-5　模型温降预测误差分析

来源	H₂S 含量 /%	节流前压力 /MPa	节流前温度 /℃	节流后压力 /MPa	节流后实际温度 /℃	温降模型	
						预测温度 /℃	误差 /℃
L016-H1 井	0	75.10	50.81	34.20	52.00	52.17	0.17
		34.20	52.00	12.50	25.20	23.06	-2.14
		12.50	25.20	10.21	16.59	18.25	1.66
		10.21	16.59	10.07	16.84	16.29	-0.55
ST1 井	0.13	104.0	48.84	79.00	56.12	59.24	3.15
		79.0	56.12	54.00	58.94	61.47	2.80
		54.0	58.94	29.00	50.58	52.43	1.85
		29.0	50.58	12.00	23.10	21.96	-1.14
L004-X1 井	1.01	88.5	32.60	75.70	38.20	37.46	-0.74
		75.7	38.20	49.50	42.70	43.42	0.72
		49.5	42.70	22.30	33.80	30.35	-3.45
		22.3	33.80	20.70	28.00	28.21	0.21
		21.0	47.80	12.10	27.02	29.05	2.03
		12.0	47.40	5.00	23.61	24.60	0.99
平均误差 /℃						0.872	

由表 2-5 可知，温降模型的在压力 10.21 ~ 104MPa、温度 16 ~ 59℃范围内，本模型计算含硫天然气温降的平均误差为 0.872℃。对于 L016-H1 井、ST1 井、L004-X1 井的节流温降计算，最大误差为 3.45℃。因此，温降模型具有更高的精确度，可用于对实际气井进行节流温降预测。

2.3.2　超高压含硫天然气节流温降规律

（1）L004–X1井节流温降规律。

L004–X1井天然气组成见表2–6，井口压力88.5MPa、温度32.6℃。采用温降模型对L004–X1井进行节流计算，得到不同节流后压力条件下的温降预测结果（表2–7）。

表2–6　L004–X1井天然气组成

分析项目	摩尔分数 /mol%	分析项目	摩尔分数 /mol%
甲烷 /%	97.740	二氧化碳 /%	0.460
乙烷 /%	0.130	氧＋氩 /%	—
丙烷 /%	0.000	氦 /%	0.620
异丁烷 /%	0.005	氦 /%	0.022
正丁烷 /%	0.008	氢 /%	0.002
异戊烷 /%	0.001	硫化氢 /%	1.010
正戊烷 /%	0.006	一氧化碳 /%	—
己烷以上 /%	0.001		

表2–7　L004–X1井节流温降预测结果

节流后压力 /MPa	节流后温度 /℃	节流后压力 /MPa	节流后温度 /℃
88.5	32.60	45.0	42.82
85.0	34.30	40.0	42.17
80.0	35.85	35.0	40.43
75.0	37.62	30.0	38.19
70.0	39.31	25.0	33.65
65.0	41.17	20.0	26.61
60.0	41.80	15.0	17.43
55.0	42.55	10.0	1.85
50.0	43.38	5.0	−22.16

将温降模型预测值与实际值对比分析如图2–5所示。结果表明模型计算的平均相对偏差为–2.65%，有较高的精确度，可用于计算L004–X1井的节流温降计算。

为了便于实际的工程设计，拟合了节流前和节流后的温度、压力之间的关系，根据式（2-24），可以根据节流前后的压力和温度，计算节流后的温度。

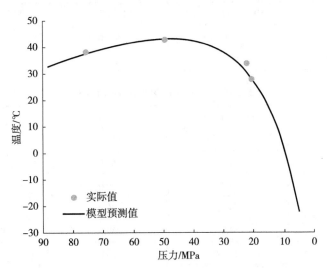

图2-5　L004-X1井节流温降实际值与模型预测值对比

$$T_2 = -27.8555 - 0.01354T_1p_1 + 0.02793T_1p_2 - 0.01062p_1p_2 + 1.1816T_1 + 0.00794p_1^2$$

（2-24）

式中　T_1、T_2——分别为节流前和节流后的温度，℃；

　　　p_1、p_2——分别为节流前和节流后的压力，MPa。

（2）L016-H1井节流温降规律。

L016-H1井天然气组成见表2-8，井口压力为75.1MPa、温度为50.81℃。采用本模型对该井节流温降计算，结果见表2-9。

表 2-8　L016-H1 井天然气组成

分析项目	摩尔分数 /mol%	分析项目	摩尔分数 /mol%
甲烷 /%	96.920	二氧化碳 /%	0.330
乙烷 /%	0.400	氧 + 氩 /%	—
丙烷 /%	0.040	氮 /%	2.190
异丁烷 /%	0.006	氦 /%	0.033
正丁烷 /%	0.010	氢 /%	0.001
异戊烷 /%	0.010	硫化氢 /%	0.000

分析项目	摩尔分数 /mol%	分析项目	摩尔分数 /mol%
正戊烷 /%	0.012	一氧化碳 /%	—
己烷以上 /%	0.046		

表 2-9 L016-H1 井节流温降预测

节流后压力 /MPa	节流后温度 /℃	节流后压力 /MPa	节流后温度 /℃
75.1	50.81	70.0	52.61
65.0	53.79	60.0	54.83
55.0	55.42	50.0	55.21
45.0	55.25	40.0	54.32
35.0	52.27	30.0	49.43
25.0	45.47	20.0	39.02
15.0	29.45	10.0	14.84
5.0	−5.95	4.0	−10.88

将温降模型预测值与实际值对比分析如图 2-6 所示。结果表明，L016-H1 井节流温计算值与实测值基本重合，平均相对偏差为 −1.01%，有较高的精确度，可

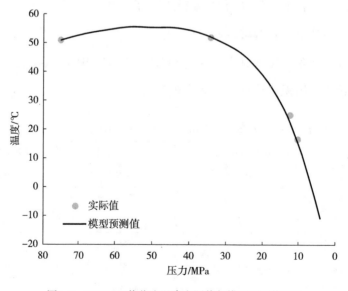

图2-6 L016-H1井节流温降实际值与模型预测值对比

用于计算 L016–H1 井的节流温降计算。

2.3.3　H₂S 含量对节流温降的影响

川西北地区气田所产的天然气大多含有 H_2S，为酸性气田，为了研究川西北超高压含硫气井的节流温降规律，掌握在相同压力下，不同 H_2S 含量对温降的影响。分析 H_2S 含量分别为 0%、0.1%、1%、5%、30% 的从低含硫天然气至特高含硫天然气的温降规律。

设定节流初始压力为 100MPa，初始温度为 40℃。用温降模型计算不同 H_2S 含量 x 的节流温降曲线得到图 2–7。结果表明在低含硫天然气、中含硫天然气和高含硫天然气、特高含硫天然气范围内，H_2S 含量越大，节流后温度越低，即 $T_{节流\ 0\%} > T_{节流\ 0.1\%} > T_{节流\ 1\%} > T_{节流\ 5\%} > T_{节流\ 30\%}$。

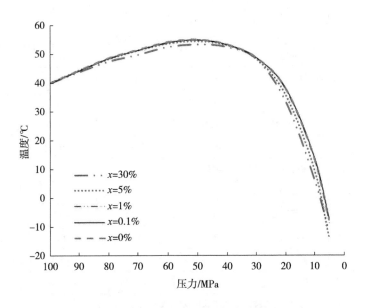

图2-7　不同H_2S含量x节流温降值对比

为进一步分析不同压力范围内硫化氢含量对节流温度的影响，计算了中低压（$p<35$MPa）、高压（35～70MPa）、超高压（$p \geqslant 70$MPa）下不同 H_2S 含量天然气节流温度与 0% 含硫天然气节流温度差值，结果对比见表 2–10。

表 2-10　不同 H_2S 含量天然气与不含硫天然气节流温度对比

压力 /MPa		温度 /℃				
		不含硫	H_2S 含量 0.1%	H_2S 含量 1%	H_2S 含量 5%	H_2S 含量 30%
超高压	90	44.34	44.33	44.25	44.49	43.84
		差值 /℃	−0.01	−0.09	0.15	−0.50
	80	48.59	48.58	48.48	48.33	47.47
		差值 /℃	−0.01	−0.11	0.26	−1.12
	70	51.44	51.42	51.3	51.34	49.82
		差值 /℃	−0.02	−0.14	−0.10	−1.62
	平均差值 /℃		−0.013	−0.013	−0.17	−1.08
高压	60	54.13	54.11	53.7	53.67	52.48
		差值	−0.02	−0.43	−0.46	−1.65
	50	55.01	55	54.85	54.52	53.38
		差值	−0.01	−0.16	−0.49	−1.63
	40	53.31	53.3	53.15	53.13	52.51
		差值	−0.01	−0.16	−0.18	−0.80
	平均差值 /℃		−0.013	−0.25	−0.377	−1.36
中低压	30	48.75	48.73	48.6	48.4	48.37
		差值 /℃	−0.02	−0.15	−0.35	−0.38
	20	38.18	38.15	37.61	36.08	33.84
		差值 /℃	−0.03	−0.57	−2.10	−4.34
	10	13.65	13.60	12.87	9.89	6.41
		差值 /℃	−0.05	−0.78	−3.76	−7.24
	5	−7.46	−7.53	−8.66	−13.33	−11.33
		差值 /℃	−0.07	−1.2	−5.87	−3.87
	平均差值 /℃		−0.042	−0.675	−3.02	−3.958

注：差值为各 H_2S 含量下天然气节流温度与不含硫天然气节流温度之差，℃。

由表 2-10 分析可得，由 100MPa 节流至 5MPa 节流过程中：

（1）当压力从 100MPa 节流至超高压（$p \geqslant 70$MPa）时，含硫量对节流温度影响不大，且随着含硫量增大，节流后温度降低，H_2S 含量为 30% 时与 0% 含硫

温降差值仅为 $-1.08℃$；

（2）当压力从 100MPa 节流至高压（35 ~ 70MPa）时，含硫量对节流温度影响不大，节流后温度随 H_2S 含量增大而降低，H_2S 含量为 30% 时与不含硫温降差值仅为 $-1.36℃$；

（3）当压力从 100MPa 节流至低压（$p<35MPa$）时，含硫量对节流温度影响增大，节流后温度随 H_2S 含量增大而降低，H_2S 含量为 30% 时与不含硫温降差值达 $-3.958℃$。

L004-X1 井 H_2S 含量为 1.01%，属于中含硫范围，当压力从 100MPa 节流至高压、超高压范围内（$p>35MPa$），H_2S 含量对节流温降的影响很小，最大差值约为 $-0.25℃$，可不分开考虑，仍按常规模型计算；当压力从 100MPa 节流至 20MPa 以下时，节流温度小于不含硫时的节流温度，差值约为 $-0.675℃$。

2.4　节流阀开度计算模型与应用

2.4.1　气液两相节流阀开度计算模型

在节流工艺计算时，除了需要对节流温度进行计算以外，还需要计算一定节流压差下所需的节流阀开度，为节流阀的选型和调节提供依据。川西北超高压含硫气井的产出物中一般含有液态水和少量的液态烃，因此井口节流为两相节流，开度模型需采用多相节流阀计算模型。

节流阀的开度计算模型可由能量守恒方程来推导出。图 2-8 为此次建立模型所用节流阀简化图，图中编号 1、2、3 分别表示节流阀上游、节流阀喉部和节流阀下游区域。

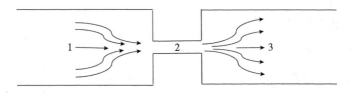

图2-8　节流阀简化图

根据流动流体撞击理论[8]，这一阻流系统的能量变化可由方程（2-25）描述：

$$\frac{p_1 V_1}{g} + \frac{e_1}{g} + \frac{\mu_1^2}{2g} + z_1 + \frac{q-w}{g} = \frac{p_2 V_2}{g} + \frac{e_2}{g} + \frac{\mu_2^2}{2g} + z_2 \qquad （2-25）$$

由于该流动过程极为短暂，可假设该过程绝热且无外功的转换，因此：

$$\begin{cases} q = 0 \\ w = 0 \\ q-w = 0 \end{cases} \qquad （2-26）$$

根据热力学性质，系统内能变化可描述为：

$$e_2 - e_1 = c_v (T_2 - T_1) \qquad （2-27）$$

忽略节流阀前后高差，因此：

$$z_1 = z_2 \qquad （2-28）$$

将式（2-26）至式（2-28）代入式（2-25）可得：

$$\frac{p_1 V_1 - p_2 V_2}{g} + \frac{\mu_1^2 - \mu_2^2}{2g} + \frac{c_v (T_1 - T_2)}{g} = 0 \qquad （2-29）$$

在两相混合物流动中，假设 f_g 和 f_w 分别为气体和水的质量百分率，则有：

$$f_g + f_w = 1 \qquad （2-30）$$

对于单位质量两相混合物流体，能量按组分质量比分配原则，式（2-29）可化为：

$$\frac{f_g \left(p_1 V_{g1} - p_2 V_{g2} \right)}{g} + \frac{f_w}{g \rho_w}\left(p_1 - p_2 \right) + \frac{\mu_1^2 - \mu_2^2}{2g} + \frac{\left(f_g c_{vg} + f_w c_{vw} \right)\left(T_1 - T_2 \right)}{g} = 0 \quad （2-31）$$

式中　g——当地重力加速度，取值 9.8m/s²；

　　　p——流体压力，Pa；

　　　V——流体比体积，m³/kg；

　　　e——流体比内能，J/kg；

　　　μ——流体速度，m/s；

　　　z——流体位高，m；

　　　q——流体散热量，J/kg；

w——流体对外做功，J/kg；

c_v——流体定容比热容，J/（kg·K）；

f——两相流中各组分的质量百分率；

ρ——两相流中各组分密度，kg/m³；

下标 o——油相参数；

下标 g——气相参数；

下标 w——水相参数；

下标 1——节流阀上游参数；

下标 2——节流阀喉部处参数。

对于混合流体中气相组分而言，根据气体 p–V 状态方程（2–33）可得：

$$pV = \frac{ZRT}{M}$$

（2–32）

用 Z 表示气相节流前后的平均压缩因子，则节流阀前后气相组分状态变化可表述为：

$$p_1 V_{g1} - p_2 V_{g2} = \frac{ZR}{M}(T_1 - T_2)$$

（2–33）

将式（2–33）代入式（2–31），可得：

$$\frac{f_g ZR}{gM}(T_1 - T_2) + \frac{f_w}{g\rho_w}(p_1 - p_2) + \frac{\mu_1^2 - \mu_2^2}{2g} + \frac{1}{g}(f_w c_{vw} + f_g c_{vg})(T_1 - T_2) = 0$$（2–34）

定义参数：$\lambda = f_g + (f_g c_{vg} + f_w c_{vw}) M/(ZR)$

（2–35）

因此，式（2–34）可推导为：

$$\lambda(p_1 V_{g1} - p_2 V_{g2}) + \frac{f_w}{\rho_w}(p_1 - p_2) + \frac{\mu_1^2 - \mu_2^2}{2} = 0$$

（2–36）

式中　T——流体温度，K；

Z——气相组分压缩因子；

R——摩尔气体常数，取值 8.314J/（mol·K）；

M——气相组分摩尔质量，kg/mol。

假设两相流中各组分温度均相同且整个流动过程为绝热无摩擦过程（等熵过程），因此：

$$dQ = f_g \left(c_{vg} dT + p dV \right) + f_w c_{vw} dT = 0 \qquad (2-37)$$

对式（2-37）微分可得：

$$p dV + V dp = \frac{ZR}{M} dT \qquad (2-38)$$

并将式（2-38）代入式（2-37）可得：

$$\left[f_g \left(c_{vg} + \frac{ZR}{M} \right) + f_w c_{vw} \right] p dV + \left(f_w c_{vw} + f_g c_{vg} \right) V dp = 0 \qquad (2-39)$$

对于气相组分而言，定压比热容与定容比热容之间关系为：

$$c_{pg} = c_{vg} + \frac{ZR}{M} \qquad (2-40)$$

定义热容比：$k = c_{pg}/c_{vg}$ $\qquad (2-41)$

因此，可分别得出：

$$\begin{cases} c_{vg} = \dfrac{ZR}{M(k-1)} \\ \\ c_{pg} = \dfrac{kZR}{M(k-1)} \end{cases} \qquad (2-42)$$

定义参数：$n = (kf_g c_{vg} + f_w c_{vw})/(f_g c_{vg} + f_w c_{vw})$ $\qquad (2-43)$

将式（2-40）、式（2-41）和式（2-43）代入式（2-39）可得：

$$np dV = -V dp \qquad (2-44)$$

将式（2-45）积分可得：

$$p_1 V_{g1}^n = p_2 V_{g2}^n \qquad (2-45)$$

定义压力比：

$$p_r = p_2/p_1 \qquad (2-46)$$

将式（2-45）和式（2-46）代入式（2-36）可得：

$$\lambda p_1 V_{g1}\left(1-p_r^{\frac{n-1}{n}}\right)+\frac{f_w}{\rho_w}p_1\left(1-p_r\right)+\frac{\mu_2^2}{2}\left[\left(\frac{\mu_1}{\mu_2}\right)^2-1\right]=0 \qquad (2-47)$$

式中 c_p——气体定压比热容，J/（kg·K）。

根据节流前后物料平衡：

$$\rho_1 A_1 \mu_1 = \rho_2 A_2 \mu_2 \qquad (2-48)$$

式（2-48）可改写为：

$$\frac{\mu_1}{\mu_2}=\frac{A_2 \rho_2}{A_1 \rho_1} \qquad (2-49)$$

将式（2-49）代入式（2-47），可得：

$$\mu_2 = \sqrt{\frac{2\left\{\lambda p_1 V_{g1}\left[1-p_r^{(n-1)/n}\right]+\left(f_w/\rho_w\right)p_1\left(1-p_r\right)\right\}}{1-\left[\left(A_2 \rho_2\right)/\left(A_1 \rho_1\right)\right]^2}} \qquad (2-50)$$

因此，两相流质量流量为：

$$W=\rho_2 A_2 \mu_2 = \frac{\pi d_2^2 \rho_2 \mu_2}{4} \qquad (2-51)$$

$$W = \frac{\pi d_2^2 \rho_2}{4}\sqrt{\frac{2\left\{\lambda p_1 V_{g1}\left[1-p_r^{(n-1)/n}\right]+\left(f_w/\rho_w\right)p_1\left(1-p_r\right)\right\}}{1-\left[\left(d_2^2 \rho_2\right)/\left(d_1^2 \rho_1\right)\right]^2}} \qquad (2-52)$$

对于实际情况，实际流量可由式（2-52）所计算出的等熵质量流量乘以流量系数而得：

$$W_c = \mu W \qquad (2-53)$$

因此，阀门开度计算式为：

$$d_2 = \frac{2d_1 \sqrt{\rho_1 W_c}}{\sqrt[4]{2\pi^2 \rho_2^2 d_1^4 \rho_1^2 \mu^2\left\{\lambda p_1 V_{g1}\left[1-p_r^{(n-1)/n}\right]+\left(f_w/\rho_w\right)p_1\left(1-p_r\right)\right\}+16\rho_2^2 W_c^2}} \qquad (2-54)$$

式中　k——气体热容比；

　　　p_r——临界压力比；

　　　A——流体流通面积，m^2；

　　　W、W_c——分别为流体等熵流动过程流量与实际流量，kg/s；

　　　μ——流量系数，取值范围为 0.777 ~ 0.899，最佳取值为 0.826；

　　　d_1、d_2——分别为节流阀上游直径与节流阀喉部直径，m。

2.4.2　节流阀开度模型验证

以某天然气组分计算节流阀开度，并与 OLGA 软件的计算结果进行对比，验证模拟结果的准确性。天然气组分见表 2-11，其中含有较高的 C_{3+} 组分，使得天然气在节流过程中处于气液两相流动状态。

表 2-11　天然气组分

组分	C_1	C_2	C_3	C_4	C_5	C_{6+}	CO_2	N_2
摩尔分数（mol%）	82.843	4.079	1.269	0.519	0.166	0.132	10.907	0.085

将开度模型与 OLGA 预测结果进行对比分析，定义差值公式和相对偏差公式如下：

$$k = d_2^2 / d_{max}^2 \qquad (2-55)$$

$$\varepsilon = k_{模型} - k_{OLGA} \qquad (2-56)$$

$$\theta = (k_{模型} - k_{OLGA})/k_{OLGA} \times 100\% \qquad (2-57)$$

式中　k、$k_{模型}$、k_{OLGA}——分别为开度、模型计算节流阀开度、OLGA 计算节流阀开度；

　　　ε——差值；

　　　θ——相对偏差。

设定节流前温度为 40℃，计算结果见表 2-12。

表 2-12　节流阀开度模型对比分析

分类	节流前压力/MPa	流量/（kg/s）	节流后压力/MPa	模型计算开度 /%	OLGA 计算开度 /%	开度差值/%	相对偏差/%
超高压	110	100	98.17	10.68	10	0.68	6.80
		60	106.15	11.10	10	1.10	11.00
		20	109.59	11.27	10	1.27	12.70
		1	109.89	1.08	1	0.08	8.00
	100	100	87.58	10.64	10	0.64	6.40
		60	96.03	11.07	10	1.04	10.40
		20	86.35	2.01	2	0.01	0.50
		1	99.89	1.09	1	0.09	9.00
	90	100	76.77	10.51	10	0.51	5.10
		60	66.43	4.88	5	−0.12	−2.40
		20	75.49	2.02	2	0.02	1.00
		1	89.52	0.54	0.5	0.04	8.00
	80	100	65.78	10.40	10	0.40	4.00
		60	52.43	4.73	5	−0.27	−5.40
		20	64.42	2.004	2	0.004	0.20
		1	78.82	0.21	0.2	0.01	5.00
	70	100	53.81	10.16	10	0.16	1.60
		60	65.39	10.94	10	0.94	9.40
		20	67.93	5.42	5	0.42	8.40
		1	68.54	0.53	0.5	0.03	6.00
	平均差值 /%					0.35	
	平均相对偏差 /%					5.28	
高压	60	100	40.46	10.21	10	0.21	2.10
		60	55.04	10.90	10	0.9	9.00
		20	57.79	5.41	5	0.41	8.20
		1	59.96	2.15	2	0.15	7.50
	50	100	43.18	16.21	15	1.21	8.07
		60	44.43	10.76	10	0.76	7.60
		20	47.57	5.36	5	0.36	7.20
		1	49.85	1.06	1	0.06	6.00

续表

分类	节流前压力/MPa	流量/(kg/s)	节流后压力/MPa	模型计算开度/%	OLGA计算开度/%	开度差值/%	相对偏差/%
高压	40	100	31.57	16.03	15	1.03	6.87
		60	33.34	10.68	10	0.68	6.80
		20	39.38	11.07	10	1.07	10.70
		1	39.83	1.06	1	0.06	6.00
	平均差值/%						0.57
	平均相对偏差/%						7.16
中低压	30	100	17.57	15.19	15	0.19	1.27
		60	21.58	10.42	10	0.42	4.20
		20	29.27	11.04	10	1.04	10.40
		1	29.80	1.05	1	0.05	5.00
	20	100	18.38	41.30	40	1.30	3.25
		60	17.44	21.51	20	1.51	7.55
		20	18.87	10.56	10	0.56	5.60
		1	18	5.14	5	0.14	2.80
	10	50	9.21	43.21	40	3.21	8.02
		20	7.02	11.85	10	1.85	18.50
		1	9.98	5.13	5	0.13	2.60
	平均差值/%						0.945
	平均相对偏差/%						6.29
平均差值/%							0.56
平均相对偏差/%							5.51

由表2-12分析可得，在低压—超高压范围内，建立的节流阀开度模型计算结果普遍高于OLGA计算的开度，平均相对偏差为5.51%，平均差值为0.56%，有较高的可靠性，且计算方法简单，可用于天然气节流阀开度计算。

2.4.3 川西北地区气井节流阀开度计算

（1）L004-X1井节流阀开度计算。

L004-X1井的天然气产量为$15 \times 10^4 m^3/d$，水产量为$1.5 m^3/d$，管径为75mm，

井口压力为88.5MPa，井口温度为32.6℃。由开度模型计算出每级节流的阀门开度见表2-13。

表2-13　L004-X1井各级节流阀开度计算

位置	压力/MPa	温度/℃	全开直径/mm	节流阀开度/%	节流阀流通直径/mm
井口针阀后	75.7	37.3	75	0.523	5.42
一级节流阀后	49.5	39.83	75	0.406	4.73
二级节流阀后	22.3	25.83	75	0.527	5.42
三级节流阀后	20.7	23.52	75	2.087	10.84
四级节流阀前	21	47.8	75	——	——
四级节流阀后	12.1	27.02	75	1.278	8.42
五级节流阀前	12	47.4	75	——	——
五级节流阀后	5	23.61	75	2.676	12.23

（2）L016-H1井节流阀开度计算。

L016-H1井的天然气产量为$35 \times 10^4 m^3/d$，水产量为$2m^3/d$，管径为75mm，井口针阀后的压力为75.10MPa，井口温度为50.81℃。由开度模型计算出每级节流的阀门开度见表2-14。

表2-14　L016-H1井各级节流阀开度计算

位置	压力/MPa	温度/℃	全开直径/mm	节流阀开度/%	节流阀流通直径/mm
一级节流阀后	34.2	46.4	75	0.652	6.1
二级节流阀后	12.5	25.2	75	1.499	9.3
三级节流阀后	10.21	16.59	75	4.285	15.7
四级节流阀后	10.07	16.84	75	16.65	31.0

综合应用上述的节流温降及阀门开度计算方法，可以对川西北高压超高压气田的节流级数进行合理设计，并选择合适的油嘴及节流阀。

第三章

超高压含硫天然气节流水合物防治技术

高压、超高压天然气节流过程中，伴随着压力的剧烈变化，温度也随之发生变化。当温度降低到一定压力下的水合物生成温度时，就会生成水合物堵塞节流阀等装置，造成停产。但是，从公开文献看，川西北气田的天然气压力超出了现有水合物生成条件预测模型的压力范围。优选、改进水合物生成条件预测模型，实现高压、超高压条件下的水合物预测并制定经济、合理的抑制剂注入、加热方案已成为地面集输工艺设计中水合物防治需要解决的重要问题。

3.1 超高压含硫天然气水合物生成条件预测模型

3.1.1 CSM 水合物热力学模型

天然气水合物的形成过程本质上是固体水合物、液体水、天然气三相之间的相平衡过程。基于相平衡理论[9]，在水合物相平衡状态下，水在水合物相和其他流体相的化学位应相等。即：

$$\mu_W^H = \mu_W^\alpha \tag{3-1}$$

式中　μ_W^H——水在水合物相（H 相）的化学位；

μ_W^α——水在非水合物相（富水相）中的化学位。

以完全空的水合物晶格（β 相）化学位作为参考状态，则平衡条件可表示为：

$$\Delta\mu_W^{H-\beta} = \Delta\mu_W^{\alpha-\beta} \tag{3-2}$$

与采用理想固体溶液假设的传统统计热力学方法不同，科罗拉多矿业学院的 Sloan 等[10]通过 X 射线衍射分析发现，水合物晶格的体积是与压力、温度、客体分子的组分密切相关的。为此，Solan 等在传统的 vdW–P 模型的基础上，通过将水合物晶格体积与水合物相中水的化学位相关联，提出了 CSM 水合物预测模型。该模型中用于判断水合物生成条件的准则与 vdW–P 模型相同，即：

$$f_w^H = f_w^K \tag{3-3}$$

式中　下标 w——水；

f_w^H、f_w^K——分别为水在水合物相（H 相）和流体相（K 相，水、液态烃）中的逸度。

在 CSM 模型中，采用式（3-4）计算水在水合物相的逸度，即：

$$f_{w,H} = f_{w,0} \exp\left(\frac{\mu_{w,H} - g_{w,0}}{RT}\right) \tag{3-4}$$

式中　下标 0——标准状态；

$f_{w,H}$——水在水合物相中的逸度，kPa；

$f_{w,0}$——水在标准状态下的逸度，取值 101.325kPa；

$\mu_{w,H}$——水在水合物相中的化学位；

$g_{w,0}$——纯水在压力为 101.325kPa 和理想气体状态下的吉布斯自由能；

R——气体常数；

T——温度，K。

Solan 等在 van der Waals 和 Platteeuw 提出的水的化学位模型的基础上，引入了表征溶液非理想性的活度系数，形成了新的水合物相中水的化学位计算方法，该化学位的表达式如下：

$$\mu_{w,H} = \mu_{w,\beta} + RT \sum_m \upsilon_m \ln\left(1 - \sum_j \theta_{j,m}\right) + RT \ln \gamma_{w,H} \tag{3-5}$$

式中　$\mu_{w,\beta}$——水在空水合物晶格 β 中的化学位；

υ_m——水合物的结构特性常数；

$\theta_{j,m}$——j 组分在 m 型水合物空穴中所占的分率；

$\gamma_{w, H}$——水合物相中水的活度系数，假设水合物的比热容为常数，$\gamma_{w, H}$ 可采用式（3-6）计算。

式（3-5）中的第一项和第二项代表了水合物晶格体积不变条件下客体分子填充过程中的化学位变化，第三项代表了由客体分子填充后水合物晶格体积变化导致的化学位变化。

$$\ln \gamma_{w,H} = \frac{\Delta g_{w0, \beta}}{RT_0} + \frac{\Delta h_{w0, \beta}}{R} \left(\frac{1}{T} - \frac{1}{T_0} \right) + \int_{P_0}^{P} \frac{\Delta v^{H}}{RT} \mathrm{d}p \qquad （3-6）$$

式中　$\Delta g_{w0, \beta}$、$\Delta h_{w0, \beta}$——分别为空水合物晶格在标准状态下的吉布斯自由能差、焓差；

Δv^{H}——空水合物晶格和客体分子填充后的水合物晶格之间的体积差。

假设 $\Delta g_{w0, \beta}$ 和 $\Delta h_{w0, \beta}$ 与 Δv^{H} 存在线性相关关系，当 Δv^{H} 趋近于 0 时，$\gamma_{w, H}$ 可趋近于 1。因此若不考虑水合物晶格的体积变化，式（3-5）即退化为传统的 vdW-P 模型中的化学位计算公式。

式（3-5）中的 $\theta_{j, m}$ 采用式（3-7）计算：

$$\theta_{j,m} = \frac{C_{j,m} f_{j,m}}{1 + \sum_{k} C_{k,m} f_{k,m}} \qquad （3-7）$$

式中　$f_{j,m}$——组分 j 在孔穴 m 中的逸度；

$C_{j,m}$——组分 j 在孔穴 m 中的朗格缪尔（Langmuir）常数。Ballard 和 Sloan 采用单晶 X 射线衍射法方法分析了不同结构的水合物中水分子距水合物中心的距离，提出计算朗格缪尔常数的多层球模型，计算式见式（3-8）至式（3-10）。

$$C_{j,m} = \frac{4\pi}{kT} \int_0^{R_1 - a_j} \exp\left[-\frac{\sum_n \omega_{j,n}(r)}{kT} \right] r^2 \mathrm{d}r \qquad （3-8）$$

$$\omega(r) = 2Z_m \varepsilon_j \left[\frac{\sigma_j^{12}}{R_m^{11} r} \left(\delta_{j,m}^{10} + \frac{a_j}{R_m} \delta_{j,m}^{11} \right) - \frac{\sigma_j^{6}}{R_m^{5} r} \left(\delta_{j,m}^{4} + \frac{a_j}{R_m} \delta_{j,m}^{5} \right) \right] \qquad （3-9）$$

$$\delta_{j,m}^{N} = \left[\left(1 - \frac{r + \alpha_j}{R_m} \right)^{-N} - \left(1 + \frac{r - \alpha_j}{R_m} \right)^{-N} \right] / N \qquad （3-10）$$

式中　$\omega_{j,n}(r)$——第 n 层球模型中水合物晶格空穴中客体分子与构成空穴的水分

　　　　　　　子间的势能函数；

　　　r——客体分子偏离球形空穴中心的距离；

　　　R_1——最小球层的空腔半径；

　　　k——Boltzman 常数，取值 1.38062×10^{-23}J/K；

　　　Z——配位数；

　　　a_j、σ_j、ε_j——Kihara 分子势能参数；

　　　N——指数，分别取值 4、5、10、11。

3.1.2　CPA 状态方程

CSM 模型提供了新的计算水在水合物相中的化学位的方法。然而，其中天然气的比热容、焓值、水在水合物相中的化学位等参数是基于状态方程计算的。本文采用 CPA 状态方程计算天然气和水的基础物性参数。CPA 状态方程的基本形式见式（3–11）[11]：

$$p = \frac{RT}{v-b} - \frac{a}{v(v+b)} - \frac{1}{2}\frac{RT}{v}\left(1-v\frac{\partial \ln g}{\partial v}\right) \times \sum_i x_i \sum_{A_i}\left(1-X_{A_i}\right) \tag{3-11}$$

式中　a——能量参数，采用式（3–12）计算，kPa/（$m^6 \cdot mol^2$）；

　　　b——体积参数，m^3/mol；

　　　v——摩尔体积，m^3/mol；

　　　g——分子的半径分布函数，无量纲；

　　　x_i——混合物中组分 i 的摩尔分率，无量纲；

　　　A_i——分子 i 上的活性缔合点位 A；

　　　X_{Ai}——组分 i 中未缔合的活性点位 A 的摩尔分率。

相关参数的具体计算方法可见文献 [11]。

为了求解 CPA 状态方程，可以将式（3–11）改写为压缩因子的表达形式，见式（3–12）：

$$Z = \frac{Z}{Z-B} - \frac{A}{(Z+B)} - \frac{0.5Z}{Z-0.475B} \times \sum_i x_i \sum_{A_i}(1-X_{A_i}) \tag{3-12}$$

其中，$A = aP/R^2T^2$，$B = bP/RT$。

式（3-12）为非线性方程，可采用牛顿迭代法求解。实根数量大于 1 时，需要选取所对应的吉布斯自由能最小的根为正确的压缩因子。计算得到压缩因子后，就可以进一步计算得到天然气和水的比热容、逸度等基础物性参数，进而为沿用传统 vdW-P 模型的求解方法求解 CSM 模型奠定基础。

3.1.3 CPA 状态方程参数修正

川西北天然气混合体系除了烷烃也常含有 H_2O、H_2S、CO_2 及醇类等极性分子，CPA 状态方程中的缔合项为描述这些极性分子间的缔合作用提供了可能。由式（3-2）可知，对于极性组分，缔合参数 $\varepsilon^{A_iB_j}$、$\beta^{A_iB_j}$ 共同描述了分子间的缔合作用。此外，修正二元交互作用参数 k_{ij} 也将提高 CPA 状态方程的计算精度。因此为了准确描述 H_2S 等极性分子间的相互作用，应考虑修正 CPA 状态方程中的缔合参数或二元交互作用参数。

H_2S 通常被认为是非缔合化合物，但 Cabaleiro - Lago 等[12] 使用从头计算法研究了萘 -H_2S 相互作用，认为 H_2S 存在较弱的自缔合倾向。Ioannis Tsivintzelis[13] 等对比了 H_2S 与 H_2O、CO_2 之间的缔合模型；他们发现对于与水和碳氢化合物的混合物，采用 3B 缔合方案将 H_2S 视为自缔合分子并假设 CO_2 仅具有一个质子受体位点的溶剂化时，CPA 状态方程的计算值更接近实验值。H_2S 与存在交叉缔合作用，但与 CO_2 没有交叉缔合作用。表 3-1 和表 3-2 总结了文献中关于极性分子的最佳缔合参数。

表 3-1　部分极性分子的最佳缔合参数

极性分子	缔合方案	β	$\varepsilon/$ Pa · m³/mol	参考文献
H_2O	4C	0.0692	16.655	[14]
H_2S	3B	0.2329	3.781	[13]
CO_2	溶剂化	0.1836	8.3275	[15-16]

注：4C 与 3B 缔合方案是由 Huang 等[17] 提出的极性分子缔合模式。

4C 缔合：$\Delta^{AA} = \Delta^{AB} = \Delta^{BB} = \Delta^{CC} = \Delta^{CD} = \Delta^{DD} = 0$，$\Delta^{AC} = \Delta^{AD} = \Delta^{BC} = \Delta^{BD} \neq 0$；

3B 缔合：$\Delta^{AA} = \Delta^{AB} = \Delta^{BB} = \Delta^{CC} = 0$；$\Delta^{AC} = \Delta^{BC} \neq 0$。

表 3-2 极性分子间的二元交互作用参数 [15]

极性组分	H_2O	CH_4	H_2S	CO_2
H_2O	0	–0.0398	0.0816	–0.0559
CH_4	–0.0398	0	0.0888	0.0956
H_2S	0.0816	0.0888	0	0.115
CO_2	–0.0559	0.0956	0.115	0

3.1.4 模型求解

采用 van der Waals–Platteeuw 模型 [18] 与 CPA 状态方程共同计算水合物生成条件时，难点在于求解 CPA 状态方程，以及基于 CPA 状态方程计算各组分的逸度。根据 CPA 状态方程和压缩因子的定义，CPA 状态方程计算压缩因子的表达式为：

$$Z = Z^{cubic} + Z^{associa} \tag{3-13}$$

式中 Z^{cubic}——立方项压缩因子；

$Z^{associa}$——缔合项压缩因子。

可将（3-13）式改写为关于压缩因子的表达式：

$$Z = \frac{Z}{Z-B} - \frac{A}{(Z+B)} - \frac{0.5Z}{Z-0.475B}\sum_i x_i \sum_{A_i}(1-X_{A_i}) \tag{3-14}$$

其中，$A=aP/R^2T^2$，$B=bP/RT$；Z^{cubic} 和 $Z^{associa}$ 可分别用（3-14）式中右边的前两项和第三项表示。

式（3-14）为非线性方程，可采用牛顿迭代法求解。若实根数量大于 1 时，需要选取所对应的吉布斯自由能最小的根为正确的压缩因子。计算得到压缩因子后，就可以进一步计算得到天然气和水的比热容、逸度等基础物性参数，进而求解该模型。

3.2 超高压含硫天然气水合物生成条件预测模型验证

3.2.1 实验数据

以常见的二元组分天然气及多组分天然气实验数据为标准，评价 van der

Waals–Platteeuw 模型与 CPA 状态方程预测天然气水合物生成条件的准确性，并将基于 CPA 状态方程的计算结果与基于 PR、SRK 状态方程的计算结果进行了对比。6 种天然气组分见表 3-3，天然气水合物形成条件的实验范围见表 3-4。为了分析计算值与实验值之间的偏差，定义平均绝对偏差（AAD）如下：

$$AAD = \sum_{i}^{N} \left| T_{cal,i} - T_{exp,i} \right| \bigg/ N_{d} \qquad （3-15）$$

式中　T_{cal}——水合物形成温度的计算值；

　　　T_{exp}——水合物形成温度的实测值。

表 3-3　实验天然气组分

组分	摩尔分数 /%					
	NG_1	NG_2	NG_3	NG_4	NG_5	NG_6
CH_4	100.00	0.00	0.00	87.65	77.71	66.38
CO_2	0.00	100.00	0.00	7.40	7.31	7.00
H_2S	0.00	0.00	100.00	4.95	14.98	26.62

表 3-4　实验天气水合物形成的温度与压力范围

	NG_1	NG_2	NG_3	NG_4	NG_5	NG_6
温度 /K	305.08 ~ 311.64	289.73 ~ 292.64	302.8 ~ 305.4	282.2 ~ 197.2	276.2 ~ 291.2	287.3 ~ 296.4
压力 /MPa	98 ~ 178	104 ~ 177	3.447 ~ 35.07	0.95 ~ 8.68	1.11 ~ 8.02	4.558 ~ 15.71

3.2.2　精度验证

（1）甲烷 + 水二元体系。

以 Nakano 等 [19] 测定的甲烷水合物相平衡数据为参考值，对比了 98 ~ 108MPa 范围内 vdW–P 模型分别结合 PR、SRK 和 CPA 状态方程计算的水合物形成温度条件，计算值与实验值之间的对比如图 3-1 所示。

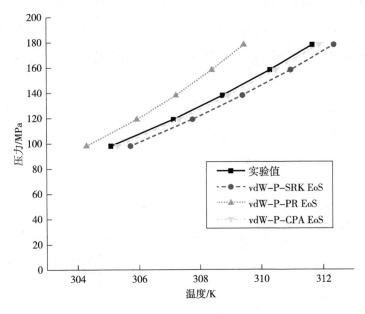

图3-1　甲烷—水二元体系水合物形成条件计算值与实验值对比

（2）二氧化碳＋水二元体系。

Nakano 等[20]在温度为 283.2 ～ 292.7K、压力为 104 ～ 177MPa 的条件下测定了二氧化碳水合物形成条件的实验数据。vdW–P 模型基于 PR、SRK 和 CPA 状态方程计算了 104 ～ 177MPa 条件下二氧化碳水合物形成的温度条件如图 3-2 所示。

（3）硫化氢＋水二元体系。

由于硫化氢的剧毒性和腐蚀性，目前国内外尚缺乏高压条件下硫化氢水合物形成条件的实验数据。参考 Selleck 等[21]在 1952 年测定的硫化氢水合物实验数据，该实验中水合物形成的温度条件为 302.8 ～ 305.4K、压力条件为 3.447 ～ 35.068MPa。vdW–P 模型基于 PR、SRK 和 CPA 状态方程计算的硫化氢与水的二元体系水合物形成时的温度如图 3-3 所示。

（4）多元体系。

针对多元酸性混合体系，参考中国石油大学（北京）的孙长宇等[22]测定的甲烷、二氧化碳、硫化氢及水等酸性天然气水合物形成条件实验数据，在该实验中

H₂S 含量分别为 4.95%、14.98%、26.26%，对应的天然气水合形成压力条件分别为 0.95 ~ 8.68MPa、1.114 ~ 8.024MPa、4.558 ~ 15.707MPa。vdW–P 模型基于 PR、SRK 和 CPA 状态方程计算的多元体系水合物形成温度条件对比如图 3–4 所示。

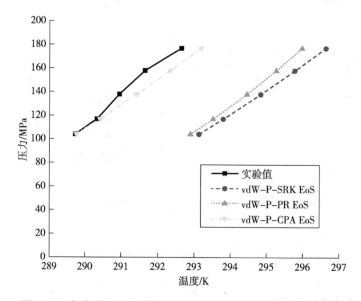

图3-2　二氧化碳—水二元体系水合物形成条件计算值与实验值对比

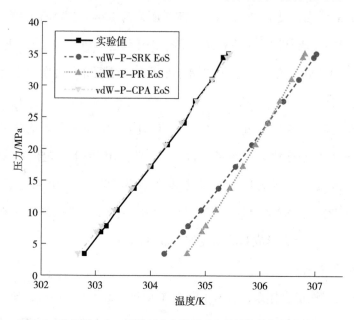

图3-3　硫化氢—水二元体系水合物形成条件计算值与实验值对比

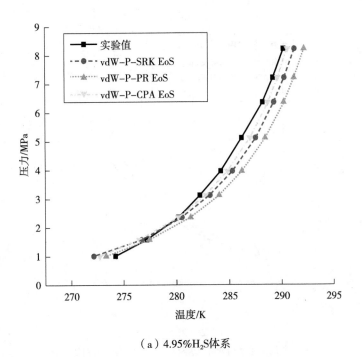

（a）4.95%H$_2$S体系

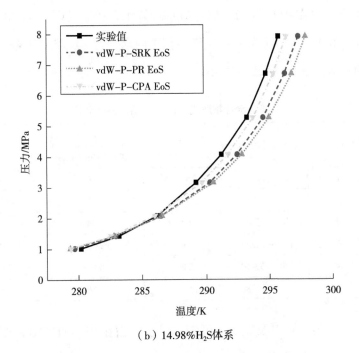

（b）14.98%H$_2$S体系

图3-4　多元体系水合物形成条件计算值与实验值对比

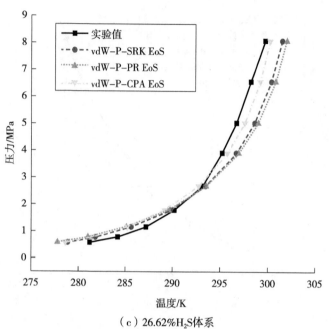

（c）26.62%H$_2$S体系

图3-4　多元体系水合物形成条件计算值与实验值对比（续）

为了评价 vdW-P 模型与 CPA 状态方程计算水合物形成条件的准确性，分析 NG$_1$ ～ NG$_6$ 等 6 个实验体系的在一定压力范围内水合物形成温度计算值与实验值之间的平均绝对误差，结果见表 3-5。

表 3-5　水合物形成温度计算结果偏差分析

实验体系	数据点个数	压力范围 /MPa	AAD/K		
			vdW-P-PR EoS	vdW-P-SRK EoS	vdW-P-CPA EoS
NG$_1$	5	98 ～ 178	1.52	0.66	0.20
NG$_2$	5	104 ～ 177	3.36	3.77	0.37
NG$_3$	12	3.447 ～ 35.068	1.64	1.54	0.05
NG$_4$	9	1.044 ～ 8.220	1.59	1.05	0.74
NG$_5$	8	1.020 ～ 7.910	1.32	0.97	0.54
NG$_6$	9	0.582 ～ 8.080	2.06	1.59	1.29

从图 3-1 至图 3-4 以及表 3-5 可知，对于压力在 98 ～ 177MPa 范围内的甲烷—水（NG$_1$）、二氧化碳—水体系（NG$_2$），vdW-P 模型与 CPA 状态方程计算

的水合物形成温度值与实验值之间平均绝对偏差不到 1K，显著优于 PR、SRK 状态方程的计算结果。对于压力在 0.582～35.068MPa 范围内的硫化氢—水（NG_3）及不同含量的甲烷、二氧化碳、硫化氢与水的多元体系（NG_4—NG_6），vdW–P 模型与 CPA 状态方程计算的温度值更靠近实验值，与实验值之间平均绝对偏差最小仅为 0.05K。这说明 CPA 状态方程考虑了 H_2O、H_2S、CO_2 等极性分子间的缔合作用，从而提高了 vdW–P 模型预测极性体系水合物形成条件的准确性。

特别地，对于表 3–5 中的多元体系（NG_4—NG_6），当天然气压力在 0.582～8.220MPa 范围内升高时，vdW–P 模型与 PR、SRK 状态方程计算的温度值逐渐偏离实验值，而基于 CPA 状态方程计算的结果始终接近实验值。尽管目前缺乏高压含硫天然气水合物形成条件实验数据，难以评价不同模型的预测精度，但根据上述趋势可推测：在更高的压力条件下，vdW–P 模型基于 PR、SRK 状态方程的计算值与实验值的偏差将进一步增大，而 CPA 状态方程的计算值与实验值的偏差仍将小于 PR、SRK 状态方程。

上述 48 组对比数据验证了 vdW–P 模型与 CPA 状态方程在预测高压酸性气体水合物形成条件时的准确性，说明了在预测高压酸性气体水合物形成条件时 H_2O、H_2S、CO_2 等极性分子间的缔合作用是不可忽略的。推荐的基于 vdW–P 模型与 CPA 状态方程预测超高压含硫天然气水合物形成条件的方法适用于川西北地区超高压含硫天然气水合物形成条件的计算。

3.3　H_2S 含量对水合物生成条件的影响分析

大量的研究表明，不同的天然气组分形成的水合物类型往往不同，对水合物形成条件也存在一定影响。为了明确川西北地区不同 H_2S 含量对水合物形成条件的影响程度，进一步指导井场水合物防治工作，以 L004–X1 井干基组成为例，改变 CH_4 和 H_2S 含量，分析了 H_2S 含量在 0%～60% 范围内对水合物生成条件的影响。不同的气质组分见表 3–6。

表 3-6 不同 H_2S 含量的天然气组分

组分	M_0	M_1	M_2	M_3	M_4	M_5	M_6	M_7
硫化氢 /%	0	1.01	10	20	30	40	50	60
甲烷 /%	98.75	97.74	88.75	78.75	68.75	58.75	48.75	38.75
乙烷 /%	0.13	0.13	0.13	0.13	0.13	0.13	0.13	0.13
丙烷 /%	0.000	0.000	0.000	0.000	0.000	0.000	0.000	0.000
异丁烷 /%	0.005	0.005	0.005	0.005	0.005	0.005	0.005	0.005
正丁烷 /%	0.008	0.008	0.008	0.008	0.008	0.008	0.008	0.008
异戊烷 /%	0.001	0.001	0.001	0.001	0.001	0.001	0.001	0.001
正戊烷 /%	0.006	0.006	0.006	0.006	0.006	0.006	0.006	0.006
己烷以上 /%	0.001	0.001	0.001	0.001	0.001	0.001	0.001	0.001
二氧化碳 /%	0.46	0.46	0.46	0.46	0.46	0.46	0.46	0.46
氮 /%	0.62	0.62	0.62	0.62	0.62	0.62	0.62	0.62
氦 /%	0.022	0.022	0.022	0.022	0.022	0.022	0.022	0.022
氢 /%	0.002	0.002	0.002	0.002	0.002	0.002	0.002	0.002

为了分析不同 H_2S 含量对一定压力下水合物形成温度的影响，定义同一压力条件下的温度变化率为：

$$\varepsilon = \frac{\left| T_i - T_j \right|}{T_i} \times 100\% \qquad (3-16)$$

式中 T_i——一定压力条件下 H_2S 含量为 i 的天然气水合物形成温度；

T_j——同一压力条件下 H_2S 含量为 j 的天然气水合物的形成温度。

基于 vdW—P 模型与 CPA 状态方程预测了 M_0—M_7 等 8 个不同 H_2S 含量的天然气水合物形成条件，得到的温度和压力曲线如图 3-5、图 3-6 所示。由图 3-5 和式（3-16）可得到 L004-X1 井天然气水合物的形成温度变化率随 H_2S 含量（0% ~ 60%）以及压力条件（0 ~ 190MPa）的变化关系。

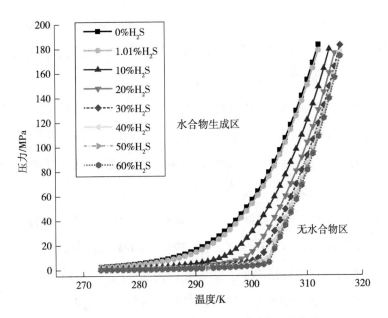

图3-5　0%～60%H₂S含量的天然气水合物生成条件

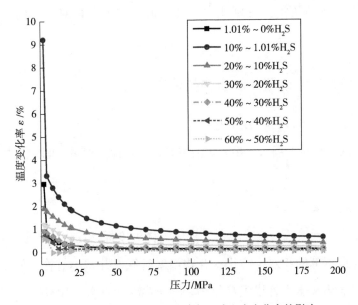

图3-6　H₂S含量对天然气水合物生成温度变化率的影响

根据图 3-5 和图 3-6，可得到以下结论：

（1）H₂S 的存在促使了水合物的形成。当 L004-X1 井天然气中 H₂S 含量在

0% ~ 60% 范围内时，随着 H_2S 含量的增多，水合物形成温度越来越高，特别地，当压力为 100MPa 时，H_2S 含量分别为 0% 和 60% 时的天然气水合物形成温度从 305.25K 增加到了 311.35K，提高了 6.1K；

（2）在 H_2S 含量为 0% ~ 30% 范围内，H_2S 对水合物形成的温度条件影响最为显著。同样在 100MPa 时，水合物形成温度从 305.25K 增加到了 310.45K，提高了 5.2K，而 H_2S 含量为 30% ~ 60% 时，两个边界值对应的水合物形成温度从 310.45K 增加到了 311.35K，温度变化不到 1K；

（3）图 3-6 表明，H_2S 含量在 0% ~ 10% 时水合物形成温度的变化率最高达 9.21%，其次是 10% ~ 20% 范围，在 20% ~ 30% 以及更高的浓度区间内水合物形成温度的变化率逐渐降低。图 3-6 还表明，气藏因 H_2S 含量影响产生的水合物形成温度变化率随着压力增大而降低，按温度变化率可表示为中低压气藏（$p<35MPa$）> 高压气藏（$35MPa<p<70MPa$）> 超高压气藏（$p>70MPa$）。天然气井场水合物的防治要特别注意上述区间内 H_2S 含量对水合物形成温度的影响。

3.4 超高压含硫气井水合物防治方法

3.4.1 常见的水合物防治方法

目前国内外针对井场水合物的防治主要以加热保温[23]和加注水合物抑制剂[24]两类方法。

（1）加热（保温）法。

通过加热使天然气节流或输送过程中气体温度保持在水合物形成温度以上，减少集气管道下部的积水，防止水合物堵塞管线，并减小对管道的腐蚀。一般采用水套炉加热和热水管线跟踪伴热。对于高含硫气井，国外也采用向井内注入热油、循环加热的方法防止井下油管水合物堵塞。如法国拉克气田采用间接加热器加热，UPRC 公司开发的黄洞（Cave Yellow）气田集输系统设置 8 条管线加热器。

（2）水合物抑制剂法。

加注水合物抑制剂是目前国外高含硫天然气水合物防止的重要措施之一，使用最广泛的产品有甲醇、乙二醇和二甘醇等热力学抑制剂[25]。热力学抑制剂用量大（在水溶液中浓度一般为 10% ~ 60%），通常只是在开停工和能够回收的情况下才采用。如壳牌加拿大公司加注甲醇，法国拉克（Lacq）气田采用加注二甘醇。

以 L004-X1 井为例，井口会产生少量天然气水合物。此外，由于关井后井口油温会逐渐降低到地表环境温度，川西北地区地面温度只有 10℃左右，若再次开井可能会导致水合物生成。为了防止水合物生成，目前普遍的做法是开井时先放喷，待井口温度上升至正常油温时再生产，但该工艺需调用超高压节流放喷管汇并安装相应的放喷流程，不仅周期长而且费用高，对环境也会造成一定污染。为了防止开井时发生冰堵而影响安全投运，井口可以注入水合物抑制剂。如需关井，则提前加注水合物抑制剂防止关井后管道温度降低形成水合物。关井后再开井，则可以提前采用移动式蒸汽加热炉对各节流处提前加热以防止开井时发生冰堵。该方法摒弃了高压气井开井时先放喷、待井口油温正常后再正常生产的思路，节约了天然气资源，减少了操作风险。

3.4.2 水合物热力学抑制剂筛选

在防治天然气的水合物时，常用的水合物热力学抑制剂有甲醇和乙二醇两种，其物理性质见表 3-7[26]。

表 3-7 甲醇、乙醇性质对比

序号	项目	甲醇	乙二醇
1	分子式	CH_3OH	（CH_2OH）$_2$
2	摩尔质量	32.04	62.1
3	冰点 /℃	−97.8	−13
4	闪点 /℃	12	116
5	燃点 /℃	—	118

续表

序号	项目	甲醇	乙二醇
6	黏度，25℃/mPa·s	0.52	16.5
7	蒸汽压，25℃/kPa	16	0.016
8	沸点，101.3kPa/℃	64.5	197.3
9	性状	无色挥发，易燃液体，有毒	无色无毒，有甜味液体

从表 3-7 中可以看出，乙二醇具有毒性低、挥发性不强的特点，因而在水合物的防治中得到了广泛的应用，但是乙二醇溶液的凝固点较低（当水溶液中的乙二醇质量浓度为 30% 时，凝固点为 -14.1℃），在初始投产过程中容易发生冻堵。

相比于乙二醇，甲醇的工业成本较高，且具有较大毒性，处理残留甲醇的工艺也非常复杂，但其凝固点低，可弥补乙二醇的不足。此外，根据水合物防治的实践表明，当各种抑制剂的质量浓度相同时，甲醇使水合物生成温度的下降幅度最大，乙二醇次之。这是由于甲醇的蒸汽压最高，易进入天然气和液态水中，因此可直接注入，其解堵效果要优于乙二醇。因此推荐甲醇作为开井初期、紧急工况下的水合物抑制剂。

目前 L004-X1 井、L016-H1 井均采用乙二醇作为井场主要的水合物抑制剂，结合操作安全性、经济性等方面的考虑，推荐 L004-X1 井、L016-H1 井等超高压含硫气井在关井复产、紧急工况下采用甲醇作为水合物抑制剂，稳定投产后采用乙二醇作为水合物抑制剂。

3.4.3 水合物抑制剂注入量计算

对于水合物抑制剂的注入量计算首要明确的是抑制剂注入前后天然气温度的改变量。温降计算公式如下：

$$\Delta t = (t_1 - t_2) + (3 \sim 5℃) \tag{3-17}$$

式中　Δt——天然气水合物形成温度降，℃；

　　　t_1——未加抑制剂时，天然气在管道或设备中最高操作压力下形成水合物的温度，℃；

t_2——加入抑制剂后，不形成水合物的最低温度，℃；

3 ~ 5℃——防治水合合物生成的温度裕量范围。

抑制剂最低富液浓度计算[27]：

$$x = \frac{M\Delta t}{K_c + M\Delta t} \times 100\% \qquad (3-18)$$

式中　x——抑制剂最低富液浓度；

　　　M——抑制剂的相对分子质量；

　　　K_c——抑制剂常数，甲醇取值 1297，乙二醇和二甘醇取值 2220。

抑制剂最低富液浓度校核：在节流后的操作温度条件下，富液浓度应处于非结晶区，否则须提高富液浓度。富液浓度过高将增大抑制剂的注入量，故其操作温度应处于非结晶区，但不宜提得过高。

由于川西北地区气田采用乙二醇作为水合物抑制剂，因此这里只讨论乙二醇注入量计算，计算如下[28]：

$$G_e = 10^{-6}q_v G \left[(W_1 - W_2) + W_f \right] \qquad (3-19)$$

式中　G_e——乙二醇注入量，kg/d

　　　q_v——天然气流量，m³/d；

　　　W_1, W_2——天然气在膨胀前后温度和压力条件下的饱和含水量，mg/m³；

　　　W_f——天然气中的游离水，mg/m³。

3.5　超高压含硫气井节流水合物防治方案

3.5.1　水合物生成的边界条件

确定井场水合物形成的边界条件是制定水合物防治方案的基础，本节以 L004-X1 井、L016-H1 井为例，基于 vdW-P 模型与 CPA 状态方程预测了 0 ~ 180MPa 压力范围内水合物形成的边界条件，结果如图 3-7 所示，具体的温度、压力值见表 3-8 和 3-9。

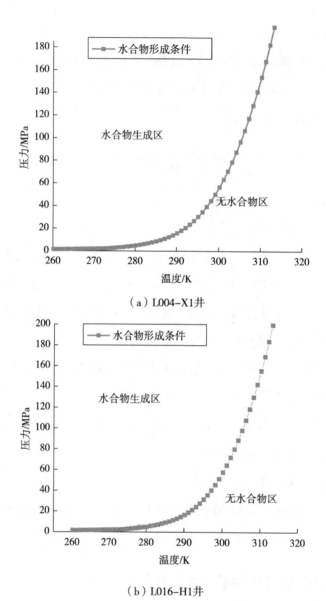

（a）L004-X1井

（b）L016-H1井

图3-7　L004-X1井、L016-H1井天然气水合物形成边界条件

表 3-8　L004-X1 井天然气水合物形成温度和压力条件

温度 /℃	压力 /MPa	温度 /℃	压力 /MPa	温度 /℃	压力 /MPa
−10.0	1.6	7.0	4.9	24.0	39.4
−9.0	1.6	8.0	5.5	25.0	44.6

续表

温度 /℃	压力 /MPa	温度 /℃	压力 /MPa	温度 /℃	压力 /MPa
−8.0	1.7	9.0	6.1	26.0	50.3
−7.0	1.8	10.0	6.8	27.0	56.5
−6.0	1.8	11.0	7.6	28.0	63.3
−5.0	1.9	12.0	8.6	29.0	70.7
−4.0	2.0	13.0	9.6	30.0	78.7
−3.0	2.1	14.0	10.8	31.0	87.4
−2.0	2.1	15.0	12.2	32.0	96.7
−1.0	2.2	16.0	13.9	33.0	106.6
0.0	2.3	17.0	15.8	34.0	117.3
1.0	2.6	18.0	18.0	35.0	128.7
2.0	2.9	19.0	20.5	36.0	140.9
3.0	3.2	20.0	23.4	37.0	153.9
4.0	3.6	21.0	26.7	38.0	167.7
5.0	4.0	22.0	30.5	39.0	182.4
6.0	4.4	23.0	34.7	40.0	198.0

表 3-9　L016-H1 井天然气水合物形成温度和压力条件

温度 /℃	压力 /MPa	温度 /℃	压力 /MPa	温度 /℃	压力 /MPa
−10.0	1.7	7.0	5.3	24.0	40.4
−9.0	1.8	8.0	5.8	25.0	45.7
−8.0	1.8	9.0	6.5	26.0	51.4
−7.0	1.9	10.0	7.2	27.0	57.7
−6.0	2.0	11.0	8.1	28.0	64.5
−5.0	2.1	12.0	9.0	29.0	72.0
−4.0	2.1	13.0	10.2	30.0	80.0
−3.0	2.2	14.0	11.4	31.0	88.7
−2.0	2.3	15.0	12.9	32.0	98.0
−1.0	2.4	16.0	14.6	33.0	108.0

温度 /℃	压力 /MPa	温度 /℃	压力 /MPa	温度 /℃	压力 /MPa
0.0	2.5	17.0	16.5	34.0	118.7
1.0	2.8	18.0	18.8	35.0	130.2
2.0	3.1	19.0	21.3	36.0	142.4
3.0	3.4	20.0	24.3	37.0	155.4
4.0	3.8	21.0	27.7	38.0	169.3
5.0	4.3	22.0	31.5	39.0	184.0
6.0	4.7	23.0	35.7	40.0	199.7

3.5.2　水合物防治方案

（1）不含 H_2S 气井的水合物抑制方案。

以 L004–X1 井为例，根据不含 H_2S 气井在不同井口压力条件下的节流工艺，确定了该工艺下水合物抑制的加注位置和加注量，结果见表 3–10。

表 3–10　不含 H_2S 气井节流工艺水合物抑制方案

			110	100	90	80	70
井口压力 /MPa			110	100	90	80	70
井口温度 /℃			40	40	40	40	40
井口节流后		压力 /MPa	83	74.8	66.5	57.5	49
		温度 /℃	51.79	50.38	48.64	46.62	43.44
		水合物形成温度 /℃	30.47	29.47	28.39	27.09	25.71
		是否形成水合物	否	否	否	否	否
一级节流前		是否需要注入抑制剂	否	否	否	否	否
一级节流后		压力 /MPa	59.8	52.5	45.2	38	31
		温度 /℃	58.52	54.78	50.71	45.89	39.18
		水合物形成温度 /℃	27.43	26.30	25.04	23.62	22.01
		是否形成水合物	否	否	否	否	否
二级节流前		是否需要注入抑制剂	否	否	否	否	否

续表

	井口压力 /MPa	110	100	90	80	70
	井口温度 /℃	40	40	40	40	40
二级节流后	压力 /MPa	40	31	28	23	18.1
	温度 /℃	57.86	50	43.97	34.97	24.29
	水合物形成温度 /℃	24.04	22.01	21.22	19.70	17.84
	是否形成水合物	否	否	否	否	否
三级节流前	是否需要注入抑制剂	否	否	否	否	是
	平均每 1m³ 水中质量分数为 90% 甲醇注入量 /kg					1057.59
三级节流后	压力 /MPa	25	18	16	13	9.5
	温度 /℃	48.99	34.7	26.89	16.16	0.66
	水合物形成温度 /℃	20.34	17.80	16.87	15.22	−16.94
	是否形成水合物	否	否	否	否	否
四级节流前	是否需要注入抑制剂	否	否	否	是	否
	平均每 1m³ 水中质量分数为 90% 甲醇注入量 /kg				853.37	
四级节流后	压力 /MPa	14.1	10.5	11.6	9.5	5
	温度 /℃	30.29	15.73	15.15	3.87	−20.33
	水合物形成温度 /℃	15.86	13.40	14.27	−12.77	−22.15
	是否形成水合物	否	否	否	否	否
五级节流前	是否需要注入抑制剂	否	是	是	否	
	平均每 1m³ 水中质量分数为 90% 乙二醇注入量 /kg		866.213	1198.01		
五级节流后	压力 /MPa	8.2	5	5	5	
	温度 /℃	12.06	−7.17	−11.7	−16.43	
	水合物形成温度 /℃	11.25	−9.59	−14.72	−18.12	
	是否形成水合物	否	否	否	否	
六级节流前	是否需要注入抑制剂	是				
	平均每 1m³ 水中质量分数为 90% 乙二醇注入量 /kg	512.28				
六级节流后	压力 /MPa	5				
	温度 /℃	−1.84				
	水合物形成温度 /℃	−3.43				
	是否形成水合物	否				

由表 3-10 可知，当井口压力为 110MPa 时，平均每 1m³ 水中需在六级节流阀前加注质量分数 90% 乙二醇贫液 512.28kg；当井口压力分别为 100MPa、90MPa 时，平均每 1m³ 水中需分别在五级节流阀前加注质量分数 90% 乙二醇抑制剂 866.21kg、1198.01kg；当井口压力为 80MPa 时，平均每 1m³ 水中需在四级节流阀前加注质量分数 90% 甲醇抑制剂 853.37kg；当井口压力为 70MPa 时，平均每 1m³ 水中需在三级节流阀前加注质量分数 90% 甲醇抑制剂 1057.59kg。按照上述方案，可保障各级节流后的水合物形成温度均低于节流后的流体温度，在设计的节流工艺条件下无水合物形成。

（2）H_2S 含量为 1% 气井的水合物抑制方案。

当 H_2S 含量为 1% 时，不同井口压力下的节流工艺中均会形成水合物，加注不同浓度的乙二醇溶液或甲醇后可防止在设计的工艺条件下形成水合物。基于本书提出的水合物预测方法，结合 H_2S 含量为 1.0% 的节流工艺方案，确定了该工艺下水合物抑制的加注位置和加注量，结果见表 3-11。

表 3-11　H_2S 含量为 1% 的气井节流工艺水合物抑制方案

	井口压力 /MPa	110	100	90	80	70
	井口温度 /℃	40	40	40	40	40
井口节流后	压力 /MPa	81.5	73	65	55.9	47.8
	温度 /℃	52.58	50.93	48.81	46.73	43.41
	水合物形成温度 /℃	30.77	29.75	28.72	27.42	26.13
	是否形成水合物	否	否	否	否	否
一级节流前	是否需要注入抑制剂	否	否	否	否	否
一级节流后	压力 /MPa	58.3	51	44	36.8	29.9
	温度 /℃	58.76	54.77	50.44	45.19	38.11
	水合物形成温度 /℃	27.78	26.66	25.47	24.08	22.53
	是否形成水合物	否	否	否	否	否
二级节流前	是否需要注入抑制剂	否	否	否	否	否
二级节流后	压力 /MPa	39.1	30.1	26.9	22	17
	温度 /℃	58.02	48.64	42.2	32.99	21.61
	水合物形成温度 /℃	24.54	22.58	21.76	20.31	18.46
	是否形成水合物	否	否	否	否	否

	井口压力 /MPa	110	100	90	80	70
	井口温度 /℃	40	40	40	40	40
三级节流前	是否需要注入抑制剂	否	否	否	是	是
	平均每 1m³ 水中质量分数为 90% 甲醇注入量 /kg				1052.56	1283.08
三级节流后	压力 /MPa	24	17	14	11	8.6
	温度 /℃	48.22	32.32	21.17	9.07	−3.61
	水合物形成温度 /℃	20.94	18.46	17.03	−13.98	−19.57
	是否形成水合物	否	否	否	否	否
四级节流前	是否需要注入抑制剂	否	否	是	否	否
	平均每 1m³ 水中质量分数为 90% 甲醇注入量 /kg			822.86		
四级节流后	压力 /MPa	13.2	11	10.5	5	5
	温度 /℃	28.22	16.33	10.99	−17.86	−21.6
	水合物形成温度 /℃	16.59	15.19	−9.56	−19.65	−23.45
	是否形成水合物	否	否	否	否	否
五级节流前	是否需要注入抑制剂	否	是			
	平均每 1m³ 水中质量分数为 90% 乙二醇注入量 /kg		1130.83			
五级节流后	压力 /MPa	8.8	5	5		
	温度 /℃	14.5	−8.66	−13.5		
	水合物形成温度 /℃	13.37	−11.50	−15.15		
	是否形成水合物	否	否	否		
六级节流前	是否需要注入抑制剂	是	否	否		
	平均每 1m³ 水中质量分数为 90% 乙二醇注入量 /kg	650.92				
六级节流后	压力 /MPa	5				
	温度 /℃	−2.0				
	水合物形成温度 /℃	−3.91				
	是否形成水合物	否				

由表 3-11 可知，当井口压力为 110MPa 时，平均每 1m³ 水中需在六级节流阀前加注质量分数 90% 乙二醇贫液 650.9kg；当井口压力为 100MPa 时，平均每 1m³ 水中需在五级节流阀前加注质量分数 90% 乙二醇抑制剂 1130.8kg；当井口压力为 90MPa 时，平均每 1m³ 水中需在四级节流阀前加注质量分数 90% 甲醇抑制

剂 822.9kg；当井口压力分别为 80MPa、70MPa 时，平均每 1m³ 水中需分别在三级节流阀前加注质量分数 90% 甲醇抑制剂 1052.6kg、1283.1kg。按照上述方案，可保障各级节流后的水合物形成温度均低于节流后的流体温度，在设计的节流工艺条件下无水合物形成。

（3）H_2S 含量 10% 气井的水合物抑制方案。

当 H_2S 含量为 10% 时，不同井口压力下的节流工艺中均会形成水合物，由于 H_2S 含量明显增加，天然气水合物形成的温度条件更高，节流后天然气温度更低，需要加注的抑制剂量更大。考虑到乙二醇的冰点仅为 –13℃，因此在 H_2S 含量为 10% 时的节流工艺水合物防治方案中均采用质量分数 90% 甲醇作为水合物抑制剂，水合物抑制的加注位置和加注量见表 3–12。

表 3–12　H_2S 含量为 10% 的气井节流工艺水合物抑制方案

	井口压力 /MPa	110	100	90	80	70
	井口温度 /℃	40	40	40	40	40
井口节流后	压力 /MPa	79.5	70	62	53.5	45.9
	温度 /℃	52.42	50.74	48.92	46.47	43.7
	水合物形成温度 /℃	33.48	32.49	31.59	30.57	29.58
	是否形成水合物	否	否	否	否	否
一级节流前	是否需要注入抑制剂	否	否	否	否	否
一级节流后	压力 /MPa	55	49	42.1	34.9	28
	温度 /℃	57.86	53.63	49.13	43.96	36.49
	水合物形成温度 /℃	30.76	29.99	29.05	27.97	26.83
	是否形成水合物	否	否	否	否	否
二级节流前	是否需要注入抑制剂	否	否	否	否	否
二级节流后	压力 /MPa	37	28.3	25	20.5	20.5
	温度 /℃	55.59	46.7	38.27	29.27	26.39
	水合物形成温度 /℃	28.30	26.88	26.29	25.39	25.39
	是否形成水合物	否	否	否	否	否
三级节流前	是否需要注入抑制剂	否	否	否	是	是
	平均每 1m³ 水中质量分数为 90% 甲醇注入量 /kg				3536.69	4365.59

续表

	井口压力 /MPa	110	100	90	80	70
	井口温度 /℃	40	40	40	40	40
三级节流后	压力 /MPa	22.5	15.5	18	12.5	12.5
	温度 /℃	42.03	25.43	27.68	10.56	7.87
	水合物形成温度 /℃	25.80	24.17	24.82	−27.49	−31.47
	是否形成水合物	否	否	否	否	否
四级节流前	是否需要注入抑制剂	是	是	是	否	否
	平均每 1m³ 水中质量分数为 90% 甲醇注入量 /kg	1591.51	2102.87	2719.22		
四级节流后	压力 /MPa	10.9	10.9	11.8	5	5
	温度 /℃	14.5	11.67	11.16	−26.88	−29.8
	水合物形成温度 /℃	−12.34	−17.61	−22.43	−28.22	−31.07
	是否形成水合物	否	否	否	否	否
五级节流前	是否需要注入抑制剂	否	否	否		
五级节流后	压力 /MPa	5	5	5		
	温度 /℃	−14.21	−18.97	−23		
	水合物形成温度 /℃	−15.87	−20.49	−24.44		
	是否形成水合物	否	否	否		

由表 3–12 可知，当井口压力分别为 110MPa、100MPa、90MPa 时，平均每 1m³ 水中需分别在四级节流阀前加注质量分数 90% 甲醇贫液 1591.5kg、2102.9kg、2719.2kg；当井口压力分别为 80MPa、70MPa 时，平均每 1m³ 水中需分别在三级节流阀前加注质量分数 90% 甲醇抑制剂 3536.7kg、4365.6kg。按照上述方案，可保障各级节流后的水合物形成温度均低于节流后的流体温度，在设计的节流工艺条件下无水合物形成。

3.6 超高压含硫气井井筒水合物防治方案

3.6.1 水合物形成条件与解堵难点

与常规井气相比，超高压含硫气井存在关井压力高的特点。采用常规井筒解堵方案会出现设备抗压等级不足、成本高、周期长和井控风险大的困难[29]。以九龙山气田的超高压含硫气井 L004-X1 井的解堵工艺为例，分析超高压含硫气井井筒水合物的形成条件与解堵难点。

（1）L004-X1 井堵塞情况。

L004-X1 井是四川盆地北部九龙山主体构造南东翼的一口开发井，该井于2013 年完钻，完钻层位栖霞组，完钻井深 6420m。生产层位茅口组，在完井试油期间获天然气测试产量 $111.65 \times 10^4 m^3/d$。产层中部压力 128.115MPa，最高井口关井压力 108.6MPa，H_2S 含量 11.39 ~ 12.99g/m³，地层温度为 149.13℃，按照国家标准《天然气藏分类》（GB/T 26979—2011），L004-X1 井为一口超高压含硫气井。采油树型号为 KQ65/78-140，如图 3-8 所示。

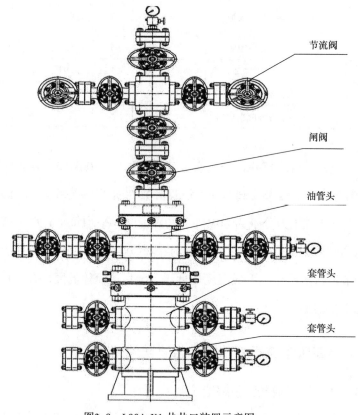

图3-8　L004-X1 井井口装置示意图

L004-X1 井于 2016 年 12 月投产，开井油压 108.6MPa，产气量一般控制在（12 ～ 15）× $10^4 m^3/d$，生产油压随着生产由 105MPa 逐渐降低至 99MPa，2017 年 8 月下旬，由于水套炉故障，生产制度调整为 $9 × 10^4 m^3/d$，2017 年 8 月 29 日在短时间关井后发现井口附近出现较严重堵塞情况，最高关井压力 100MPa（图 3-9）。

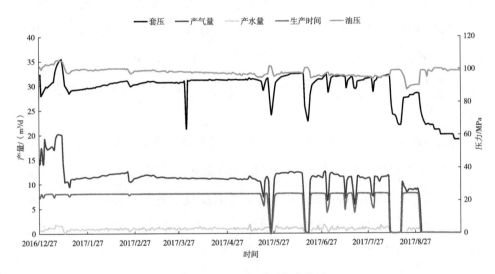

图3-9 L004-X1 井采气曲线图

L004-X1 井井口附近堵塞后，为尽快恢复生产，首先采用水套炉热水浇淋、锅炉车蒸汽加热方式对井口装置进行保温的措施，虽然解除了井口堵塞现象，无法开井生产。之后再次采用锅炉车蒸汽加热保温井口、配套 140MPa 超高压泵车挤注乙二醇（加热）的方式进行井筒解堵，先后实施 5 次，共计仅注入乙二醇 59L，作业后即使压差高达 90MPa 左右，井筒仍无法建立流动生产，解堵无效。通过前期的作业，证实了该井是在井口及井筒内均形成了水合物，通过保温注乙二醇等措施虽解除了井口段堵塞，但井筒内水合物顶部仍位于大四通以下 12.5m 左右（方井底部地面 10m 以下左右），具体堵塞长度未知，井下堵塞严重，基本无渗流通道。之后该井关井长达 5 个月以等待解堵。

（2）超高压含硫气井井筒堵塞物的形成原因。

天然气水合物是天然气和水在一定压力、温度条件下形成的笼式结构的冰状晶体。引起水合物形成的主要条件是：①天然气处于含水过饱和状态或有液态水存在；②在一定压力和气体组成下，天然气温度低于水合物形成温度；③有足够高的压力，并且压力增加，形成水合物的下限温度相应增高。次要条件：①介质流速很快，通过设备、弯头等管件时，气流出现剧烈扰动；②压力发生波动；③存在小的水合物晶种；④存在 CO_2 或 H_2S 等组分，因为它们比烃类更易溶于水并易形成水合物。经研究，在 33.0 ~ 76.0MPa 的压力条件下，甲烷水合物在 28.8℃时仍存在，而在 390.0MPa 的压力条件下，甲烷水合物形成温度高达 47℃。

根据 L004-X1 井测试产量、气质分析、井身结构等基础数据，利用 Pipesim 软件建立气井模型，在不考虑气井产水的情况下，对该井（5 ~ 35）× 10⁴m³/d 生产规模下的井筒流动温度及水合物形成温度进行预测，详细计算结果见表 3-13。从表 3-13 可以看出该井由于超高压、中含硫等因素影响下，井口水合物形成温度在 33℃以上。

表 3-13　不同产量条件下 L004-X1 井的井筒流温及水合物形成预测

井深 /m	不同产量条件下水合物形成预测													
	$5 \times 10^4 m^3/d$		$10 \times 10^4 m^3/d$		$15 \times 10^4 m^3/d$		$20 \times 10^4 m^3/d$		$25 \times 10^4 m^3/d$		$30 \times 10^4 m^3/d$		$35 \times 10^4 m^3/d$	
	流温 /℃	水合物温度 /℃	流温 /℃	水合物温度 /℃	流温 /℃	水合物温度 /℃	流温 /℃	水合物温度 /℃	流温 /℃	水合物温度 /℃	流温 /℃	水合物温度 /℃	流温 /℃	水合物温度 /℃
0	22.3	34.6	27.6	34.5	32.9	34.3	38.1	34.2	43.0	34.0	47.6	33.8	51.9	33.6
100	24.1	34.6	29.6	34.5	34.9	34.3	40.2	34.2	45.1	34.0	49.9	33.8	53.9	33.6
200	27.1	34.6	32.4	34.5	37.6	34.3	42.8	34.2	47.5	34.0	51.9	33.8	56.4	33.6
300	29.2	34.7	34.5	34.6	39.8	34.4	44.9	34.3	49.7	34.1	54.2	33.9	58.4	33.7
400	31.3	34.7	36.5	34.6	41.8	34.4	46.9	34.3	51.7	34.1	56.3	33.9	60.5	33.7
500	33.4	34.7	38.7	34.6	44.0	34.4	48.8	34.3	53.5	34.1	58.3	33.9	62.1	33.7

根据 L004-X1 井实际生产情况，该井在 2017 年 1 月至 8 月期间，配产 $12 \times 10^4 m^3/d$ 生产，在 8 月下旬产量调整至 $9 \times 10^4 m^3/d$，产凝析水 0.7～$1 m^3/d$，其井口流压在 96～99MPa 之间波动，井口流温仅为 25℃左右，低于水合物形成温度，具备天然气水合物形成的条件。同时依据生产情况，该井不存在出砂等情况，而且未向井内注入任何药剂。因此判断 L004-X1 井井筒堵塞为天然气水合物堵塞，其形成主要原因为长时间低产量生产和频繁开关井。

（3）超高压含硫气井解堵的主要难点。

对超高压含硫气井 L004-X1 井的具体情况进行分析，其解堵作业主要影响因素有以下几点，均可能导致在施工过程中存在较大风险或效果不佳。

① 超高压作业，要求施工设备的额定工作压力高。

由于 L004-X1 井堵塞时最高关井压力为 100MPa，其对应防喷设备、管材、阀门及解堵设备设施等抗压等级至少在 100MPa 以上，且需抗硫化氢，按照对应额定压力等级，需采用 140MPa 抗压抗硫设备设施。而从目前来看，市面上 140MPa 的抗硫工具非常紧缺，而且需定制，定制成本高、定制周期长，若非特殊情况，均不建议采用。若采用低配置的设备设施，可能会造成井控失效，对于此类超高压含硫气井，可能会造成无法控制的局面。

② 作业空间有限，泵注难度大。

L004-X1 井水合物堵塞位置在地面以下约 12m 左右，井口附近可供作业空间狭小，同时，气体在高压情况下可压缩性差，开泵后施工压力上升极快。该井在前期多次尝试挤注乙二醇解堵的过程中，表现出泵压上升极快（120MPa），单次注入量有限（26～39L），需待气液置换后再次加注，导致效率低下。

③ 常用水合物抑制剂，解堵效果差。

根据实际情况，加注化学剂解堵仅可采用甲醇或乙二醇，这两种化学药剂主要为水合物抑制剂，在水合物未形成前，具有较好的预防作用。而针对 L004-X1 井已形成井筒内水合物堵塞的情况，加注化学抑制剂的效果甚微。

④ 井口加热解堵，热效应无法传递。

对于提高水合物温度，使其自行解堵的方法，由于该井水合物堵塞位于地表以下，在井口进行加热或者保温，其热效应基本无法到达井下，导致无法针对水合物堵塞面进行加热解堵。

3.6.2 解堵方案

根据上述综合分析，在明确 L004-X1 井堵塞原因、位置及解堵方法的基础上，考虑四种解堵方案进行对比分析，并最终选择了自生热解堵药剂的方案。

（1）油管挤注化学抑制剂（甲醇或乙二醇，配清水 30% ~ 40%）。

天然气水合物抑制剂主要有甲醇、乙二醇、甘醇，由于甲醇属于危险化学物品，运输及实施过程存在一定风险，本次考虑采用小排量 140MPa 高压试压泵反复缓慢地挤入药剂（甲醇或乙二醇，配清水 30% ~ 40%）的方法进行解堵。其主要步骤为：连接高压管线至井口压力表旋塞阀→管线试压→打背压高于井口压力→开启旋塞阀→高压挤注药剂→停止挤注，待气液置换→循环上述步骤（图 3-10）。

图3-10　L004-X1井高压挤注化学抑制剂示意图

按照上述步骤实施，其主要风险有以下几点：

① 因目前井下堵塞严重，每次注入量有限，解堵效率低，周期长；

② 采用高压泵直接挤入可能性低，需反复进行井口泄压挤入或转换，药剂可能进入放空管线；

③ 井口空间小，挤注时起压快，即使优选高压小排量泵易憋泵；

④ 药剂属易燃危化品，施工期间必须由专人妥善保管，并做好应急措施；

⑤ 挤注药剂时，含硫天然气可能倒灌入高压泵，高压管线出口应安装单流阀，高压管线要求抗硫，高压泵有可靠的泄压口，泄压管线应连接至井场泄压流

程，否则会导致泄压伤人或环境污染。

（2）A环空加热（软管注热水至堵塞面）。

该方案原理是利用间接加热水合物温度，使其自行解堵的方式。主要步骤是通过打开A环空，下入 ϕ10mm 的耐高温钢丝软管至水合物堵塞面位置，地面加热清水后利用软管注入，A环空返出。经调研，该方法仅在 40MPa 左右压力下实施，无超高压实施经验。

针对此情况进行了可行性分析，L004-X1 井大四通侧通径 65mm、大四通主通径 160mm，油管挂下部螺纹外径 116mm、套管内径 155.6mm、88.9mmBGT 螺纹接箍外径为 108mm，环空最小间隙 22mm，存在作业空间；由于井下封隔器的存在，套管泄压至 0 以后，井口油管受内压差 99MPa，仅为抗内压强度的 55%（抗内压 180MPa），2000m 井深处油管受内压差在 85～93MPa 之间，为抗内压强度的 59%～65%（抗内压 142MPa），封隔器承受压差 60MPa 左右（封隔器为105MPa），满足施工要求。

由于首次在超高压含硫气井考虑采用该方案，根据该井实际情况及工具情况，对其风险进行分析，认为采用该方案将存在较大的安全隐患：

① 井口大四通位置为 90° 转弯，下入的完井管柱短节较多，油管接箍形成台阶，软管存在下入困难的可能；

② 软管细小，抗拉有限，在受高温后性能可能有所变化，导致软管损坏或无法取出；

③ 软管内径小，循环排量受限且可能造成软管在井下摆动，同时软管内摩阻大，有可能憋掉或者在大四通处磨损断落的风险；

④ 下入深度有限，根据前人经验，最深下至 140m，冰堵若超过该深度则无法解堵，而本井冰堵深度未知；

⑤ 可能的油管渗漏及封隔器失效。该井生产一年多，A 环空保持压力的动态平衡，若采用环空加热的方式，一旦出现油管渗漏或封隔器失效情况，可能造成井下复杂情况且难于处理。同时，目前关井压力达 100.0MPa，计算井内为清水

时 A 环空最高允许关井压力 96.8MPa（表 3-14），若发生窜漏，将导致无法关井。

表 3-14   L004-X1 井不同油压下 A 环空最大允许带压推荐值

井口油压 /MPa	基于校核油管头强度的值 /MPa	校核封隔器以上油层套管强度 /MPa	基于校核封隔器工作压差 /MPa	基于校核封隔器以上油管抗外挤强度 /MPa	A 环空最大允许带压推荐值 /MPa
105	112	96.8	152.66	162.30	96.8
100	112	96.8	147.76	157.30	96.8
95	112	96.8	142.76	152.20	96.8
90	112	96.8	137.76	147.10	96.8
85	112	96.8	132.66	141.90	96.8
80	112	96.8	127.56	136.60	96.8
75	112	96.8	122.46	131.30	96.8
70	112	96.8	117.26	125.90	96.8
65	112	96.8	112.16	120.50	96.8
60	112	96.8	106.96	115.10	96.8

（3）带压作业。

采用 150K 带压作业设备及 140MPa 防喷器组（图 3-11），下入高强度防硫管柱及工具，向堵塞位置进行钻、磨、通井、循环冲洗解堵。该设备整体高约 21m，暂无现成的抗硫管柱、工具、材料，需采购抗高压抗硫设备进行组装，整个采购周期较长，约 8 个月，且费用高。

图3-11   150K带压作业设备

由于其设备的特殊性，主要作业风险分析如下：

① 国内外还未采用带压作业方式解除超高压井堵塞的安全，施工过程风险点较多；

② 设计初步方案中防喷器（Blow-out Preventer，BOP）组合高达21m，质量大，井口长期承重后，易损坏井口装置，作业存在较大风险；

③ 井下油管堵塞段下部有圈闭高压，管柱疏通的瞬间圈闭高压的突然释放，对作业管柱的冲击可能会导致管柱段落等井下复杂情况。

（4）自生热解堵。

经过综合分析，前述三个方案在 L004-X1 井作业均存在不适应性和安全风险。因此，结合 L004-X1 井的具体情况、借鉴目前市场中的自生热方便米饭的加热方式，提出了自生热药剂解堵的工艺思路：调研、研制自生热药剂，将其投入井筒内反应放热，提高井筒内温度，逐步解除井下油管的水合物堵塞方案。

对该方案的适应性分析，采用自生热药剂，其主要风险点在于药剂的反复投入过程中的压力突然释放或解堵后瞬间压力上升对井口的冲击，需研发适应性投注装置。

3.6.3　自生热解堵药剂的现场应用分析

（1）药剂准备。

用于自生热解堵的物质，主要有无机盐、联氨、氧化羟胺等物质。在一定条件下，它们会自身分解或相互化合而释放热量和生成气体。其中，因为无机盐 A、B 价格低廉、容易获得且发热量大，目前，国内外油田大多采用这两种无机盐。根据其反应物和生成物的性质，反应物与生成物可能会对金属带来一定的腐蚀，需要加入具有抗盐抗氧腐蚀的缓蚀剂。有腐蚀存在，就有可能有铁离子产生，为了防止铁离子沉淀，因而要配用铁离子稳定剂。因此，国内外自生热解堵剂配方的一般组成为：化学反应主剂 + 反应控制剂 + 缓蚀剂 + 铁离子稳定剂。

对于 L004–X1 井解堵药剂配置，综合生热效果、操作难度、安全等因素，确定的配方组成为：A（粉末／固体）、B（固体）化学主剂＋催化剂。成分主要有无机盐、联氨、氧化羟胺等物质。在一定条件下，它们会自身分解或相互化合而释放热量和生成气体。经过理论计算，固体 A 与 B 在 3mol ∶ 3mol 混合时发生的反应可以使水温升高到 100℃以上。

（2）解堵施工控制投放装置。

解除气井水合物堵塞，一般的施工作法是从 7 号阀门注入相应的解堵剂等，但超高压气井 L004–X1 井解除水合物堵塞，需要从井口反复投、注药剂，反复开关井（阀门），对设备的要求苛刻，必须保证加注设备满足抗高压、抗硫化氢、可加注足量药剂、可反复快速开关井等特点，以保证在投注过程的安全受控和快捷效率。

为此，设计出了一种适用于超高压含硫气井成本低、准备周期短和安全系数高的投注药剂装置（图 3-12）。该装置利用 140MPa 抗硫变径法兰（1）连接

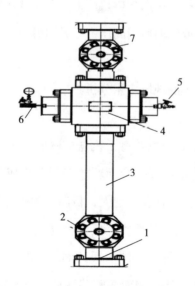

图3-12　超高压含硫气井药剂投注装置示意图

1—140MPa 抗硫变径法兰；2—140MPa 抗硫液动控制阀门；3—140MPa 抗硫药剂投注筒；
4—140MPa 抗硫四通；5—140MPa 抗硫泄压阀；6—140MPa 抗硫液体药剂注入阀；7—140MPa 抗硫固体药剂投入液动控制阀

下部井口装置 7 号阀门上法兰盘，上接 140MPa 抗硫液动控制阀门（2）实现快速反复开关操作，不影响气井井口装置。140MPa 抗硫药剂投注筒（3），可根据实际需求调整其长度，以满足不同液体和固体药剂投注量，上接 140MPa 抗硫四通（4）分别连接 140MPa 抗硫泄压阀（5）、140MPa 抗硫液体药剂注入阀（6）和 140MPa 抗硫固体药剂投入液动控制阀（7）。其中，140MPa 抗硫泄压阀（5）可连接高压泄压软管至放空系统，140MPa 抗硫液体药剂注入阀（6）可通过高压软管与加注泵相连，实现液体药剂加注，140MPa 抗硫固体药剂投入液动控制阀（7）上方保留通道，通过控制阀门开关，进行固体药剂投入。

该装置可实现快速反复开关操作，不影响气井井口装置；抗硫药剂投注筒可根据实际需求调整其长度，以满足不同液体和固体药剂投注量；可实现液体药剂和固体药剂的加注，还可以连接高压泄压软管至放空系统。

（3）施工作业过程与效果。

L004-X1 井采用自生热解堵方案进行井筒水合物物堵塞解除工作历时 9d，分四个阶段，成功解除井筒水合物堵塞现象。

第一阶段，开井泄压，压力由 100MPa 降至 80MPa 后关井稳定，说明井下还存在堵塞，无法复压。

第二阶段，反复投注自生热药剂，投注过程中，注入液体量明显增加（由单次注入 36L 上升至 226L），且压力恢复速度增快（20MPa 上升至 100MPa 时间由 4h 缩短为 15min 左右），说明自生热药剂起到了解堵效果，渗流通道明显增大（图 3-13、图 3-14）。

第三阶段，反复投注自生热药剂，发现在解堵过程中效果不太明显，甚至水合物堵塞面有上升的现象。现场分析认为，经过前期自生热药剂解堵作业后，水合物堵塞面下降，后续投入的药剂在井口附近与井内液体快速反应、到达水合物堵塞面位置时已完成反应，冷却后的溶液可能会造成水合物二次生成。因此，根据现场的解堵效果、结合药剂试验情况，确定了针对性措施：井内压力放喷泄

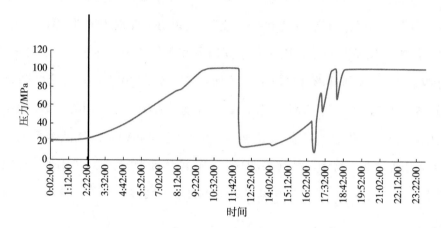

图3-13　第二阶段L004-X1井解堵施工压力曲线（2018年1月19日）

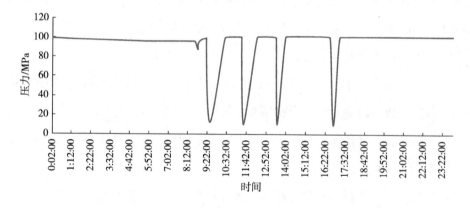

图3-14　第二阶段L004-X1井解堵施工压力曲线（2018年1月20日）

压至0MPa；自生热药剂中增加乙二醇并增大催化剂用量，以防止二次水合物生产造成堵塞；延长药剂在井内的反应时间，以充分反应；用140MPa高压试压泵憋压120MPa（泵的安全工作压力值），试通道是否畅通；如果通道不通，则反复以上步骤，直到井内通道畅通。

　　第四阶段，按照拟定措施实施解堵作业，放喷泄压至0MPa、投入药剂反应后，井口出现连续响声，压力快速上涨至50MPa，试压泵憋压验证，判断井下堵塞已部分解除、井筒通道已连通，遂立即进行连续放喷防止再次出现堵塞，并配合井口保温等，导入生产流程正常生产（图 3-15）。

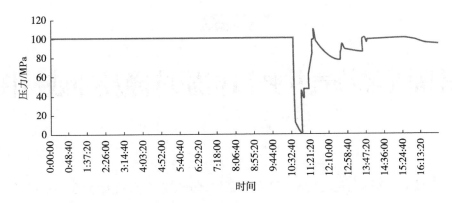

图3-15　第四阶段L004-X1井解堵施工压力曲线（2018年1月25日）

第四章

超高压含硫气井井口材质选择及冲蚀特性

川西北地区的九龙山气田、双鱼石区块部分层系产出的天然气虽然硫化氢含硫不高，但是关井压力高，导致硫化氢分压高达 1MPa 以上（例如 L16 井 H_2S 含量为 0.81%，关井压力达到 119.3MPa）。在高硫化氢分压下，材料的抗冲蚀、腐蚀性能大幅降低。针对川西北地区的实际情况，选择合适的井口设备材质，分析节流阀的冲蚀特征，对于保障井口设备安全具有重要意义。

4.1 井口设备及管件介质腐蚀影响因素分析

4.1.1 H_2S 腐蚀

H_2S 的腐蚀主要有电化学腐蚀、硫化物应力开裂（SSC）、氢诱发裂纹（HIC）三类[30]。

（1）电化学腐蚀。

影响 H_2S 电化学腐蚀的因素有：H_2S 的浓度、pH 值、温度、暴露时间、流速、氯离子、二氧化碳等。

干燥的 H_2S 对金属材料无腐蚀破坏作用，H_2S 只有溶解在水中才具有腐蚀性。在 H_2S 溶液中，含有 H^+、S^{2-} 和 H_2S 分子，它们对金属的腐蚀是氢去极化过程，释放出的 H^+ 是强去极化剂，极易在阴极夺取电子，促进阳极铁溶解导致金属腐蚀。

H_2S 电化学腐蚀特征为：钢材与腐蚀介质接触表面有明显的黑色腐蚀产物，

其结构分析多为 FeS、FeS$_2$、Fe$_9$S$_8$ 等硫化物；管件、设备和构件被腐蚀表面有明显的局部坑点腐蚀，严重处有呈溃疡状沟槽腐蚀；其腐蚀速度受 H$_2$S 浓度、气田水的 pH 值、温度、腐蚀产物结构和形态的影响；腐蚀环境存在氯离子、二氧化碳，会加速腐蚀；管道在低点积液和液体冲刷作用强的部位，电化学腐蚀明显加快；导致电化学腐蚀破坏的时间一般较长，多在 2 至 3 年以上，且多表现为管道、设备、构件的局部腐蚀穿孔或破裂。

（2）硫化物应力开裂（SSC）。

影响 H$_2$S 应力开裂的因素有：H$_2$S 的浓度、pH 值、温度、二氧化碳、材料因素、材料的受力状态等[31]。

H$_2$S 水溶液中电离后的产物是氢。氢原子进入金属内部，并在有缺陷的部位滞留和聚合成氢分子时，氢的体积会剧烈膨胀产生极高的压力，这可能会导致金属材料在局部遭到高于其强度极限的应力，受到氢损伤。SSC 是金属材料在 H$_2$S 分压足够高的湿环境中受拉应力和 H$_2$S 腐蚀的联合作用所引起的材料脆化和开裂过程，常导致管道和设备被破坏。

H$_2$S 应力开裂是一种与渗氢作用有关的、由腐蚀作用所引起的技术材料脆性断裂过程，断裂时金属材料的工作压力甚至远远低于设计许用值。断口处无肉眼可见的残余变形，呈现脆性断口特征，主裂纹的方向与主应力（拉伸）方向垂直；断裂前无任何事前先兆显示，具有很强的突发性。多数情况下在经历不长的服役期（数小时到 3 个月）后，在工作截面没有明显腐蚀减薄的情况下突然发生，因而具有极强的危害。

（3）氢诱发裂纹（HIC）。

影响氢诱发裂纹的因素有：H$_2$S 的分压、pH 值、温度、二氧化碳、氯离子、材料因素等[32]。

与 SSC 相似，HIC 生成与金属在湿 H$_2$S 环境中的渗氢过程有关，不同的是导致 HIC 发生的 H$_2$S 分压值比 SSC 高，而且 HIC 能在金属材料处于无应力状态时发生。

国际标准《石油和天然气工业——油气开采中用于含 H$_2$S 环境的材料》（ISO 15156）[33] 对酸性环境进行了定义，并对严重程度进行了分级。酸性环境的定义：

暴露于含有 H_2S 并能够引起材料按所有由 H_2S 引起的腐蚀开裂机理开裂的油田环境（这些开裂包括硫化物应力开裂、应力腐蚀开裂、氢致开裂及阶梯形裂纹、应力定向氢致开裂、软区开裂和电偶诱发的氢应力开裂）。$p_{H_2S}<0.0003MPa$ 的环境为 0 区，$p_{H_2S} \geqslant 0.0003MPa$ 的环境分为 SSC 1 区、SSC 2 区和 SSC 3 区。酸性环境的严重程度：SSC 3 区 > SSC 2 区 > SSC 1 区 > 0 区。在材料选择上除了考虑电化学腐蚀外，还必须考虑酸性介质引起的环境致开裂（包括硫化物应力开裂和应力腐蚀开裂）、氢致开裂。H_2S 浓度对钢材腐蚀速率的影响是明显的。在含 H_2S 蒸馏水中，当 H_2S 含量为 200 ~ 400mg/L 时，钢材腐蚀率达到最大，而后又随着 H_2S 浓度的增加而降低，H_2S 含量达到 1800mg/L 以后，H_2S 浓度对腐蚀率几乎无影响。但如果含 H_2S 介质中还含有其他腐蚀性组分，如 CO_2、Cl^-、残酸等时，将促使 H_2S 对钢材的腐蚀速率大幅增大。

4.1.2　CO_2 腐蚀

CO_2 在水中的溶解度很高，一旦溶于水便形成碳酸，释放出氢离子。氢离子是强去极化剂，极易夺取电子还原，促进阳极铁溶解而导致腐蚀。CO_2 腐蚀破坏，主要由腐蚀产物膜局部破损处的点蚀引发的环状腐蚀或台面腐蚀导致的蚀坑或蚀孔。这种局部腐蚀由于阳极面积小，往往穿孔的速度很高。CO_2 的腐蚀过程是一种错综复杂的电化学过程。影响腐蚀速率的因素很多，主要有温度、CO_2 分压、流速、介质组成、pH 值、腐蚀产物膜等 [30]。

4.1.3　电化学腐蚀

在含 H_2S 天然气环境中的电化学腐蚀的主要影响因素有：H_2S 浓度、CO_2 浓度、氯离子浓度、溶液 pH 值、温度、流速、暴露时间 [34]。

在油气开采中与 CO_2 和 O_2 相比，H_2S 在水溶液中的溶解度最高，且随着温度升高而降低。在标准大气压（760mm 汞柱压力）、环境温度 30℃时，硫化氢在水中的饱和浓度约为 2983mg/L。H_2S 一旦溶于水，便立即电离，使水溶液呈弱酸性。H_2S 在水溶液中的离解反应式为：

$$H_2S \longrightarrow H^+ + HS^- \tag{4-1}$$

$$HS^- \ \text{——} \ H^+ + S^{2-} \tag{4-2}$$

释放出的氢离子是强去极化剂，极易在阴极夺取电子，促进阳极铁溶解反应而导致钢铁的全面腐蚀。关于 H_2S 水溶液在呈弱酸性时对钢铁的电化学腐蚀过程，习惯用式（4-3）到式（4-5）表示：

阳极反应：

$$Fe - 2e \ \text{——} \ Fe^{2+} \tag{4-3}$$

阴极反应：

$$2H^+ + 2e \ \text{——} \ Had + Hab \tag{4-4}$$

总反应：

$$Fe + H_2S \ \text{——} \ Fe_xS_y + H_2 \tag{4-5}$$

式中　Had——钢表面上吸附的氢原子；

　　　Hab——钢中吸收的氢原子。

阳极反应生成的硫化铁腐蚀产物通常是一种有缺陷的结构，其在钢铁表面的附着力差，易脱落。由于硫化铁产物的电位较高，于是作为阴极与钢铁基体构成一个活性的微电池，对钢铁基体继续进行腐蚀。对钢铁而言，附着于其表面的腐蚀产物（Fe_xS_y）是有效的阴极，它将加速钢铁的局部腐蚀。阴极性腐蚀产物主要有 Fe_9S_8、Fe_3S_4、FeS_2 和 FeS，它们的生成是随 pH 值、温度、H_2S 浓度等参数变化而变化的。

H_2S 除作为阳极过程的催化剂，除促进铁离子的溶解，加速钢材电化学腐蚀外，还为腐蚀产物提供 S^{2-}，在钢表面生成硫化铁腐蚀产物膜。硫化铁膜的生成、结构及其性质受 H_2S 浓度、pH 值、温度、流速、暴露时间及水的状态等因素的影响，对于含 H_2S 天然气从井下到地面整个油气开采系统的开发生产来说，这些因素都是变化的，于是硫化铁膜的结构和性质及其反映出的保护性也就各异。因此，在含 H_2S 酸性油气田上的腐蚀破坏往往表现为由点蚀导致局部壁厚减薄，蚀坑或穿孔局部腐蚀发生在局部小范围区域内，其腐蚀速率往往比预测的均匀腐蚀速率快数倍或数十倍。由于形成硫化铁保护膜和引起点蚀的机理至今并不十分清楚，因此，预测 H_2S 环境的电化学腐蚀速度比较困难。

4.1.4　H_2S、CO_2 共存条件下的腐蚀

对于 H_2S、CO_2 共存条件下的腐蚀，目前的研究比较有限，并且所得的结果不尽相同。一般认为，其腐蚀并非二者的叠加，而是相互影响的 [35]。H_2S 的存在既能通过阴极反应加速 CO_2 腐蚀，又能通过 FeS 沉淀而减缓腐蚀。有资料表明 [36]，当 CO_2 与 H_2S 之比不大于 20 : 1 时，会形成具有保护性的 FeS 腐蚀产物膜，降低均匀腐蚀速率；当 CO_2 与 H_2S 之比不小于 500 : 1 时，主要表现为 CO_2 腐蚀，$FeCO_3$ 腐蚀产物的保护性取决于温度、流体流速等；当 CO_2 与 H_2S 之比大于 20 : 1 且小于 500 : 1 时，两种腐蚀都有。

4.1.5　材料性能对腐蚀的影响

（1）金属材料强度的影响。

对于石油天然气开发金属设备而言，强度级别指标是一个关键的指标。在酸性环境中，随着材料强度的提高，SSC 敏感性增大。表征钢材强度的另一个指标是硬度，硬度越高、SSC 敏感性越高。

（2）金属材料合金元素的影响。

关于金属材料中微量合金元素对 SSC 的影响关系已有许多研究成果和报道，学者们达成较一致的认识是：钢中 S、P、O、N、H、Ni、Mn 等对于 SSC 是有害元素；同时存在一个量的问题，即只有当钢中某一元素的含量达到或超过某一量值后，该元素在钢中所起的作用才发生有害变化，使 SSC 敏感性增大 [37-38]。

（3）金属热处理的影响。

金属材料经适当的加工和热处理后所得到的显微组织决定金属材料最终的使用性能。在研究钢材显微金相组织对材料抗 SSC 性能影响关系时，研究人员发现在铁素体上均匀分布细小球状碳化物组织的钢材，其抗 SSC 性能显著优于铁素体上均匀分布的片状碳化物组织的钢材。这是因为淬火加高温回火形成的均匀弥散分布的细小球状碳化物组织在热力学上更趋于平衡状态，并使得酸性环境中所产生的氢在钢中的扩散系数增大，溶解度减小，从而使得钢材 SSC 敏感性减小。这也是各制造企业采用热处理调质工艺进行生产的主要原因之一 [39-41]。

（4）冶炼及制造工艺的影响。

众所周知，各制管生产企业的冶炼和制管工艺技术是有差异的，其中最为重要的是纯净钢冶炼技术和热处理调质工艺技术的差异，直接关系到钢管材料抗SSC性能和电化学腐蚀性能。纯净的钢材经适当热处理后可使钢管材料的显微金相组织均匀，晶粒度细小，抗SSC、HIC性能和抗电化学腐蚀性能明显提高。反之，钢中有害元素含量偏高和含有非金属夹渣，会使其材料抗SSC、HIC性能大幅降低；另一方面，钢管的热轧制度影响到钢管的组织结构和强度，因而也影响钢管的抗SSC、HIC性能。提高钢管的终轧温度，可增强抗SSC、HIC性能。

4.2 超高压含硫天然气集输设备管件材料选择

4.2.1 材料选择原则

集输系统设备材料选择的基本原则是腐蚀控制，即在设备和管道的运行期间内，不会发生腐蚀造成的穿孔、开裂、爆破等事故。因此，在气田集输系统的腐蚀环境中，材料的选择应考虑能预防应力腐蚀开裂。可通过添加缓蚀剂对材料均匀腐蚀、点蚀进行控制。

集输系统的材料选择中，应充分考虑不同气田输送介质的腐蚀特点，遵循以下原则进行设备材料选择：

（1）具有优良的抗H_2S、CO_2腐蚀能力；

（2）选择符合《压力容器》（GB 150—2011）的材料；

（3）选择符合《石油和天然气工业——油气开采中用于含H_2S环境的材料》（ISO 15156/NACE MR0175）和《天然气地面设施抗硫化物应力开裂和应力腐蚀开裂金属材料技术规范》（SY/T 0599—2018）要求的抗硫金属材料；

（4）从经济角度，选择性价比好的材料；

（5）材料应具有良好的加工性和焊接性。

4.2.2 CO_2腐蚀环境中的材料选择

CO_2腐蚀环境中选用碳钢会使钢表面始终处于裸露的初始腐蚀状态下，腐蚀速率增高，添加缓蚀剂在一定程度上可以达到控制腐蚀的目的。对耐蚀合金钢，介质处于静止状态时金属的孔蚀速率比介质处于流动状态时大，加大流速（控制在层流状态）可以减少沉积物在金属表面沉积的机会。L16 井茅口组井口流动压力为 119.3MPa，CO_2 最高分压约为 0.8MPa，可能存在较为严重的电化学腐蚀，设备管件材料建议选用合金钢或碳钢添加缓蚀剂方案。L16 井飞仙关组关井压力为 82.3MPa，CO_2 最大分压为 0.29MPa，材质可选用碳钢，并通过添加缓蚀剂对其腐蚀现象进行控制。

4.2.3 H_2S 腐蚀环境中的材料选择

H_2S 酸性环境中的几种腐蚀的防止措施根据国内外资料调研和中油工程设计西南分公司近 40 年开发含硫天然气的实践经验进行制订。在国内集输设备材料中通常选用 Q245R、Q345R、20G、16Mn，锻件选择 20# 或 16Mn，这些受压元件材料应符合相应的材料标准和相关规定，其中锻件级别不得低于《压力容器用碳素钢和低合金钢锻件》（JB 4726—2016）、《低温压力容器用低合金钢锻件》（JB 4727—2016）、《压力容器用不锈钢锻件》（JB 4728—2016）中的Ⅲ级标准规定和设计图样上规定，上述材料还应满足以下要求：

（1）材料为纯净度高的细晶粒结构全镇静钢；

（2）母材和焊缝热处理后布氏硬度（HB）不大于 235N/mm^2，其中 Q245R、20G、20、16Mn 无缝钢管、20# 锻件宜控制在 HB 不大于 200N/mm^2；

（3）材料应进行超声波检测，符合相应标准规定，其中钢板应是超声波纵横检测，其结果应符合《承压设备无损检测》（JB/T 4730—2016）中的Ⅰ级标准规定；

（4）承压元件材料和焊缝应按规定进行验证抗硫化物应力开裂试验和抗氢致开裂试验评定合格；

（5）材料的超声检测、控制材料内部夹渣、夹层等缺陷，不允许存在白点和裂纹；

（6）材料晶粒度按《金属平均晶粒度测定方法》（GB/T 6394—2017）规定，其结果应是 6 级或 6 级以上晶粒度。并对一般疏松、中心疏松、偏析、钢中非金属夹杂物（脆性夹杂物、塑性夹杂物）等做出规定；

（7）材料使用状态应至少为正火或正火＋回火、退火、调质状态。

4.2.4　复杂腐蚀环境中的材料选择

若为以上两种或多种腐蚀共同存在，根据以上对腐蚀及选材的分析研究及气田实际工况，建议采用碳钢（低合金钢）＋内涂层＋牺牲阳极的阴极保护，或者采用耐蚀合金钢或其复合钢板。

4.2.5　设备的设计、制造、检验和验收

管道等压力容器应把安全放在第一位，压力容器的本质安全是设计和制造。设备的设计、制造、检验和验收应遵循以下原则。

（1）设计原则。

① 符合法规、规范和标准规定。

② 确保安全可靠，利用成熟技术，且有类似工程成功经验。

③ 在满足前两项要求的前提下保证设备工艺功能，满足工艺要求。

④ 在过程实践中具有可操作性。

⑤ 突出气田自身的设计特点。

（2）设计参数的确定：设备设计参数应根据设计委托资料，遵循相关法规标准规定确定和工程设计特殊要求确定。

（3）关键法规、标准和规范。

制造、检验和验收应符合以下文件以及相关国家标准、行业标准：

①《固定式压力容器安全技术监察规程》（TSG 21—2016）；

②《钢制压力容器设计技术规范》（YB 9073—2014）；

③《钢制压力容器—分析设计标准》（JB 4732—1995）；

④《工业金属管道设计规范（2008 年版）》（GB 50316—2008）；

⑤《钢制卧式容器》（JB/T 4731—2019）；

⑥《天然气地面设施抗硫化物应力开裂金属材料要求》（SY/T 0599—2018）；

⑦《H_2S 环境中抗特殊形式的环境开裂材料的实验室试验方法》（NACE TM0177）；

⑧《评价管道和压力容器钢抗氢致开裂标准试验方法》（NACE TM0284）。

（4）材料选择。

结合设备材料选择的内容，并以 L16 井工程中的实际应用为例，确定以下具体选材原则：

① 中高压设备选材优选成熟可靠的 Q245R、20 锻件、20G 材料，当设备壳体计算壁厚超过 80mm 时，宜改选 Q345R（HIC），但必须作标准 A 溶液 SSC 和 HIC 验证评定；

② 高压管件材料建议采用 35CrMoA 或 AISI 4130。

由于 L16 井井口流动压力较高，且管线输送介质为含有 H_2S、CO_2 的酸性介质，根据已提供的气质资料，L16 井茅口组井口流动压力为 119.3MPa，H_2S 最高分压约为 0.97MPa，CO_2 最高分压约为 0.8MP，根据 ISO 15156 标准对酸性环境腐蚀程度的定义，介质腐蚀严重；L16 井飞仙关组关井压力 83.2MPa，H_2S 最大分压小于 0.0003MPa，CO_2 最大分压约为 0.21MPa，介质腐蚀程度较轻。可见由于 L16 井不仅井口压力高，而且井口部分管件均存在不同程度的腐蚀。

在对高压管件选材时，材料除要求具有较强的抗开裂性能（要求降低材料中 S 元素、P 元素的含量），还要求具有较高的强度。若材料强度较低，为满足高压环境下使用要求，则要求材料壁厚较大，这样在进行热处理时，材料芯部的性能不一定能满足酸性环境下服役的要求。

高压管件部分常用材料主要有碳钢、合金钢、不锈钢、耐蚀合金等。若管件材料选用碳钢材料如 20Cr 或者 16Mn 煅件，为满足强度要求设计管件则会出现壁厚太大的情况。若选用奥氏体不锈钢（如 316L）等，材料的耐蚀性能提高，但强度较低，管件设计壁厚值较大。若选用耐蚀合金材料如 inconel 625、inconel 725 等，虽然可以满足实际使用要求，但是其价格高昂。因此根据相关标准规范及实际应用条件，管件材料建议选用强度较高、耐蚀性能及经济性较好的低合金钢材料 35CrMoA 或者 AISI 4130，且材料的热处理状态应为调质态，同时对 S 元素、P 元素的含量加以限制。

（5）腐蚀裕量。

工作介质为原料气的设备及管件腐蚀裕量取 4mm。

（6）结构设计。

设计压力为 50 ～ 100MPa 的管件，如测温测压套、弯头、三通等和管线连接时只能采用法兰连接，且为金属环密封结构，不允许采用焊接连接。设计压力小于 50MPa 时视具体情况而定。其他设备按工艺要求进行结构设计，符合相关的规范规定，确保工艺功能要求。

（7）焊接。

在遵循国家法规、规范国家标准及行业标准前提下，焊接还应满足以下要求：

① 所有焊接接头均应经焊接工艺评定，包括对焊、补焊、角焊等；

② 在满足强度要求的前提下，尽可能采用低强度焊接材料；

③ 焊接接头（包括焊缝、热影响区及母材）的硬度限制为：低碳钢 HV[①]10 不大于 250kgf/mm² （单个值），低合金钢 HV10 不大于 250kgf/mm² （单个值）；

④ 焊接工艺评定、焊接试板及每一种焊接工艺施焊的产品焊缝（一条纵缝、环缝、接管焊缝和填角焊、管子、管板焊缝）均应按③的要求进行硬度测定。产品上的硬度测定应在接触介质一侧的表面。工艺评定及试板上的硬度测定应在横截面上测定（距表面 1.5mm 处）；

⑤ 焊缝外的起弧、打弧点（包括临时焊缝处）均应在焊后热处理前打磨 0.3mm 以上，并作磁粉或着色检查；

⑥ 所有焊接接头不应留下封闭的中间空隙（如衬板、加强板的四周填角焊后），如不可避免，则应开设排气孔；

⑦ 不允许存在铁素体钢与奥氏体钢之间的异种金属焊接接头。

⑧ 接管角焊缝保证全焊透，并进行磁粉或着色渗透检测，其中内径 $D_i \geqslant 200mm$ 接管角焊缝还应进行超声检测，符合《承压设备无损检测》（JB/T 4730—2016）中的 I 级标准规定。

（8）制造、检验和验收的特殊要求。

在遵循国家所规定的法规、规范以及相关国家标准、行业标准前提下，设备

---

① HV 指维氏硬度，HV10 指硬度测试时测试压力为 10g 物质的重力。

在制造、检验和验收的特殊要求：

① 材料和焊接接头抗硫化物应力开裂、应力腐蚀开裂性能评价试验按《硫化氢环境中抗特殊形式的环境开裂材料的实验室实验方法》（NACE TM0177）进行；抗氢致开裂（HIC）性能试验按《管线和压力容器用钢抗氢诱发裂纹性能的评定》（NACE TM0284）进行；

② 接管角焊缝保证全焊透，并进行磁粉或着色渗透检测，其中内径 $D_i \geq 200mm$ 接管角焊缝还应进行超声检测，符合《承压设备无损检测》（JB/T 4730—2016）中 I 级标准规定；

③ 设备的壳体壁厚不小于 38mm 除 100% X 射线检测外，还应进行 100% 超声检测；锻件应是 III 级或 IV 级；

④ 所有设备和管件应淬火（或正火）+回火整体热处理；材料和焊缝硬度满足 HB 不大于 235；

⑤ 所有受压元件应适当抽检复验，其中三类容器应按照《固定式压力容器安全技术监察规程》（TSG 21—2016）进行复验，其中管件应抽检；

⑥ 水压试验均应按照《固定式压力容器安全技术监察规程》（TSG 21—2016）和《压力容器》（GB 150—2011）规定。管件水压试验与工艺管线要求一致。

4.3　固定节流阀的流场模拟

虽然超高压天然气地面集输系统采用了前文所述的材料选用原则，但是在高压节流条件下依旧不可避免地会出现冲蚀，导致节流阀阀芯失效。分析不同压差、流速等组合条件下阀门的失效特征，对于掌握节流阀的冲蚀失效规律，寻找有效的节流阀冲蚀防护措施具有重要意义。

4.3.1　固定式节流阀物理模型

固定节流阀模型如图 4-1 所示，其中固定节流阀整体模型由固定阀、阀进（出）口段测温测压套、测温测压套上温度测量计和压力测量计及压力—温度远程变送器组成。固定式节流阀的各个参数见表 4-1。

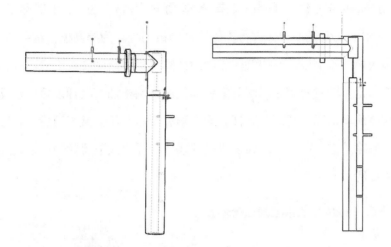

图4-1　固定节流阀

表 4-1　固定节流阀各个参数

名称	参数	数值 /mm
固定节流阀	长度	480
	内径	79
	外径	200
	节流孔径	6
	节流长度	20
进口测温测压套	长度	900
	内径	79
	外径	200
出口测温测压套	长度	1500
	内径	79
	长度	200
温度计插入口	内径	20
	高度	100
压力表插入口	内径	16
	高度	60
温度计间、压力计间	间距	300

采用 Solidworks 建立固定式节流阀物理模型，并将模型导入 ANSYS workbench 中的几何模型中并进行流体计算网格划分。为提高模拟结果的准确性，对节流阀阀口的收缩段、阀中气体流动的环隙等气体流动波动大的区域，进行适当的网格加密。同时对阀芯周围等重要部位进行网格加密处理以更好地反映该区域内的流体流动情况。对阀芯阀杆表面及测温测压套流体域表面设置膨胀层，同时对流体域除了进（出）口的面设置局部尺寸。固定式节流阀物性模型及网格划分如图 4-2 所示。

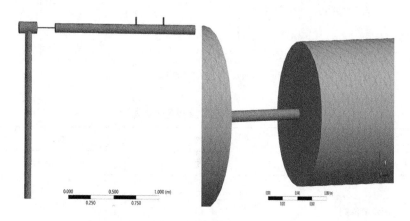

图4-2   网格划分结果

4.3.2   固定式节流阀流场计算模型

流场模拟可以用来分析气体、固体在节流阀内的流动状态，是进行冲蚀分析的基础。因此，利用 Ansys 软件中的 Fluent 模块进行流场分析。高压天然气在流过节流橇时，压力的改变必然引起密度的变化，并且密度变化较剧烈，在 Fluent 模块中求解可压缩气体选择密度基，由于流体流过连续，流动过程视为稳定流。模型建立时，模型所处平面与 Y 轴平面呈现 45° 的夹角，设置沿 Y 轴向下的重力加速度，加速度大小为 9.81m/s^2。湍流模型选择 RNGk-ε 模型。模型中的节流阀入口边界选择压力边界条件，出口边界条件同样选择压力出口边界条件，节流阀壁面边界条件选择无滑移壁面边界条件。结合固定式节流阀的实际运行条件，进（出）口边界条件设置见表 4-2。

表 4-2　进（出）口边界条件

类别	压力 /MPa	温度 /K
进口边界条件	73	309
出口边界条件	40	308

4.3.3　固定式节流阀流场分析

（1）模拟工况设置。

为了分析高压含硫天然气在固定阀中的流动状态，分析各个参数在阀内的变化情况，并探讨不同工况下变化情况，开展了针对固定阀的模拟分析，并分析在不同压差、相同压差下不同压力梯度时阀内关键流动参数的变化情况，结合现场实际工况，设置了表 4-3 所示的模拟工况。

表 4-3　模拟工况表

模拟工况		参数		
		入口压力 /MPa	出口压力 /MPa	压差 /MPa
不同压差	工况一	73	30	43
	工况二	73	35	38
	工况三	73	40	33
	工况四	73	45	28
	工况五	73	50	23
同一压差、不同压力梯度	工况六	73	43	30
	工况七	70	40	30
	工况八	67	37	30
	工况九	64	34	30
	工况十	61	31	30

（2）相同入口压力、不同节流压差的流场特征分析。

①压力分布。

利用建立的模型分别模拟节流阀入口压力为 73MPa 时、不同节流压差下的节流阀门的压力云图分布，结果如图 4-3 与图 4-4 所示。图 4-3 结果表明，在含有节流阀、测温测压套的整体装置中，压力在固定阀的进口和出口的测温测压套里面变化梯度小，压力数值基本不发生变化。在压力进入固定节流阀的阀芯里时，压力迅速发生变化，压力梯度呈现明显的变化。图4-4表明，在固定阀的阀芯前三分之一处，压力变化梯度明显，接着在中间三分之一处压力变化较平缓，随后压力在阀芯出口处突变到出口压力。

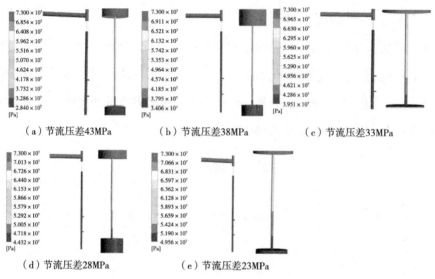

（a）节流压差43MPa　　　（b）节流压差38MPa　　　（c）节流压差33MPa

（d）节流压差28MPa　　　（e）节流压差23MPa

图4-3　不同节流压差下阀门内的压力分布云图

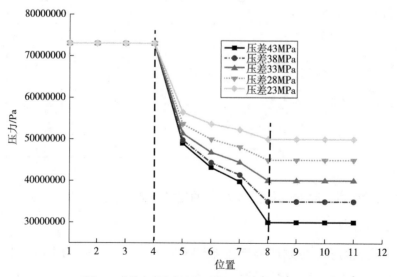

图4-4　阀门不同编号位置处的压力变化趋势图

② 速度分布。

图 4-5 是在不同压力梯度下固定节流阀内的速度分布云图，图 4-6 是阀门不同位置处的速度变化趋势图。如图 4-6 所示，气体在固定阀的出口和入口处的速

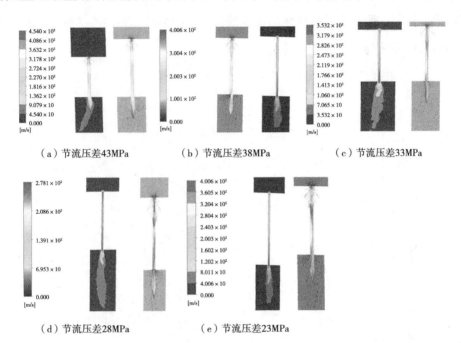

（a）节流压差43MPa　　　　（b）节流压差38MPa　　　　（c）节流压差33MPa

（d）节流压差28MPa　　　　（e）节流压差23MPa

图4-5　不同节流压差下阀门内的流速分布云图

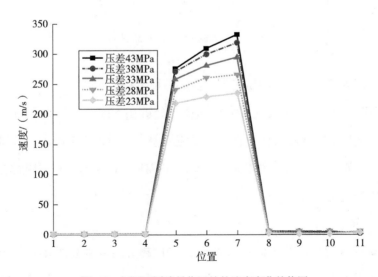

图4-6　阀门不同编号位置处的速度变化趋势图

度梯度小，且速度也较小（0~2m/s）。在气体流经固定阀的节流孔径处，由于流通面积的减小，速度迅速变大，并在出口处速度达到最大值。在气体流出出口处，气体以较大流速进入突扩截面，流体流通管径迅速扩大，在出口处位置产生了漩涡，因而在管径突扩处气体出现了漩涡回流。另外，如图4-7所示，最大固定节流阀内流速与压差成正比关系。

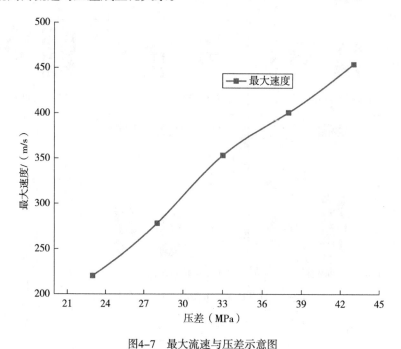

图4-7　最大流速与压差示意图

（3）不同入口压力、相同压差下的流场特征分析。

将节流阀进出口的压差设置为相同值，分析在不同入口压力下节流阀内流场、压力、速度、密度场的变化情况。节流压差大小设置为30MPa，入口压力设置为5组，分别为73MPa、70MPa、67MPa、63MPa、61MPa。分别探讨各个参数在节流阀中的变化情况。

① 压力分布。

节流阀内压力云图与不同位置处压力变化趋势图分别如图4-8与图4-9所示，图4-8中进出口压力差相等，均为30MPa，入口压力由高到低依次减小。图

4-9表明，在进出口的测温测压套内，压力基本是保持不变的，气体流过径流孔后，压力迅速降低。在气体进出节流孔以后，在前三分之一段，压力降低幅度大，在后三分之二段，压力变化趋势较平缓，最终气体压力降低到出口压力处。

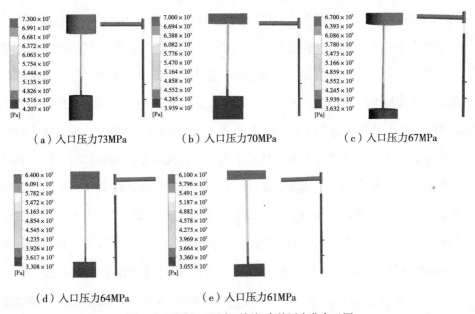

（a）入口压力73MPa　　（b）入口压力70MPa　　（c）入口压力67MPa

（d）入口压力64MPa　　（e）入口压力61MPa

图4-8　不同入口压力下阀门内的压力分布云图

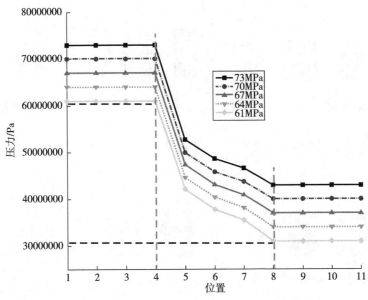

图4-9　阀门不同编号位置处的压力变化趋势图

②速度分布。

节流阀内速度云图、不同位置处速度变化图与喉部最大速度与入口压力示意图分别如图 4-10、图 4-11、图 4-12 所示。气体在节流阀中的变化规律主要围绕在节流孔径中，在进口和出口中的测温测压套中的变化值小，且速度值也较小，速度大小在 1 ~ 2m/s 的范围内。气体在节流孔径中，由于气体压力急剧减小，速度会急剧增大，速度增大速率和速度值都较大，在入口压力为 73MPa 时，节流孔中速度最大值达到了 328.1m/s，而在入口压力位 61MPa 时，速度最大值达到了 378.6m/s。监测节流阀不同位置处的速度值如图 4-11 所示，在不同入口压力下，进出口速度变化浮动不大，且基本相等；在流经节流阀喉部时，速度达到了最大值；离开节流阀后，速度值又降低到与进口相同大小的值。由于出口处气体密度减小，出口处的气体速度比入口速度略大一点。如图 4-12 所示，在气体最大速度与入口压力的变化图中可知，保持相同压差条件下，气体入口压力降低时，气体最大速度呈现增大的趋势，且增长趋势近似呈现线性增长的趋势。

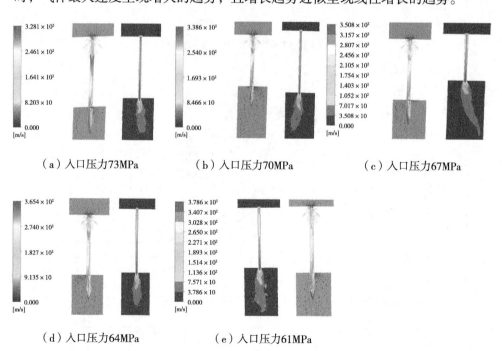

（a）入口压力73MPa　　　（b）入口压力70MPa　　　（c）入口压力67MPa

（d）入口压力64MPa　　　（e）入口压力61MPa

图4-10　不同入口压力下阀门内的流速分布云图

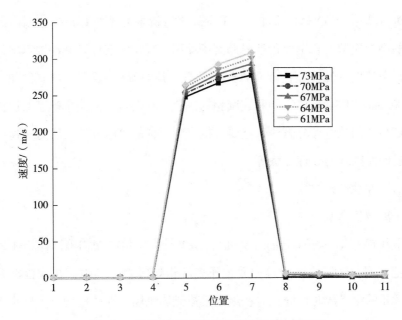

图4-11 阀门不同编号位置处的速度变化趋势图

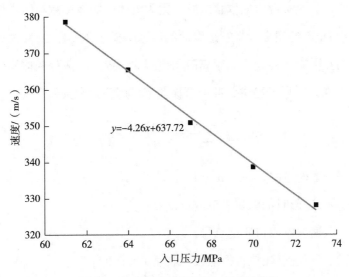

图4-12 喉部最大速度与入口压力示意图

4.4 固定式节流阀冲蚀特征分析

在固定式节流阀流场分析的基础上，进一步集合冲蚀模型，分析其冲蚀特征。冲蚀分析采用 ANSYS 软件中的 Fluent 进行流场冲蚀仿真模拟，因而需要建立合适的冲蚀模型，它主要包括内部流场计算、颗粒轨道计算和冲蚀速率计算三个部分。节流阀冲蚀模型的建立首先要进行的是湍流模型和离散相模型的选择，并结合 Fluent 软件实现离散相和连续相的耦合；其次是冲蚀速率模型的选择；最后是确定相关的数值计算方法，主要包括控制方程的离散方法、压力—速度耦合方法及近壁面区域的处理方法等。

4.4.1 冲蚀理论建模

（1）离散相模型。

离散相模型（Discrete Phase Model，DPM）将气相或液相等流体相作为连续相，而把气泡、液滴或砂粒等介质视作离散相处理[42]。其中，在欧拉坐标系下求解连续相的雷诺数时均守恒方程组来模拟流体流场，在拉格朗日坐标系下采用随机轨道模型来获得离散相颗粒的运动轨迹，离散相与连续相间通过实时进行质量、动量和能量交换实现双向耦合求解。因为流体中固体小颗粒所占体积分数很小，所以选择 DPM 模型来计算管道壁面的冲蚀磨损速率。在 DPM 模型中不考虑砂粒之间的相互影响，因此，应用离散相模型的前提是离散相的体积分数要小于 10% ~ 12%。在该工程模型中，冲蚀磨损速率可用公式定义如下：

$$R_{erosion} = \sum_{1}^{n} \frac{m_n C(d_n) f(\alpha) u_n^{b(v)}}{A_{face}} \qquad (4-6)$$

式中 R_{ersion}——磨损速率，kg/（$m^2 \cdot s$）；

n——颗粒碰撞时的颗粒入口数目；

m_n——碰撞颗粒入口质量流量，kg/s；

$C（d_n）$——碰撞颗粒直径系数，取值 1.8×10^{-9}；

α——颗粒入口折射角；

$f(\alpha)$——碰撞颗粒的角度计算函数，m/s；

v——颗粒的速度，m/s；

$b(v)$——颗粒速度函数；

u_n——撞击颗粒碰撞速度的计算函数，取值 2.6；

A_{face}——碰撞壁面的计算单元面积，m^2。

（2）离散相边界条件设置。

离散相颗粒在流体区域采用颗粒运动方程进行计算，而在入口、出口及壁面等边界面处颗粒的处理则需要进行单独设置，在 ANSYS 软件 Fluent 模块中使用离散相边界条件来确定轨迹在边界处应该满足的条件。主要包括三种形式，分别为 Escape（逃逸）、Trap（捕获）和 Reflect（反弹）。在模拟计算时，可以对每个流域分别定义其离散相边界条件。在节流阀流动过程中，颗粒在壁面处会发生碰撞反弹，因而在壁面处设置为 "Reflect"，而入口和出口均设置为 "Escape"。

为实现离散相与连续相的耦合，需将计算出的沿轨迹运动的颗粒的动量、质量和热量损益计入随后的连续相计算中，充分考虑离散相与连续相间的相间作用。离散相与连续相的双向耦合是通过交替求解连续相控制方程和离散相运动方程来实现的，直到两相不再随着迭代的进行而变化。

（3）冲蚀速率模型。

ANSYS 软件 Fluent 模块中粒子的冲蚀速率可以在其边界上监测到，其定义见式（4–7）：

$$E_R = \sum_{n=1}^{N_P} \frac{m_{pn} C(d_{pn}) f(\alpha) v_{pn}^{b(v_{pn})}}{A_f} \tag{4–7}$$

式中　m_{pn}——粒子的质量流量；

　　　$C(d_{pn})$——粒子直径函数；

　　　α——粒子轨迹与管道壁面间的冲击角度；

　　　$f(\alpha)$——冲击角度 α 的函数；

　　　v_{pn}——粒子的相对速度；

　　　$b(v_{pn})$——粒子相对速度 v 的函数；

　　　A_f——壁面上单元表面积。

一般默认取值为：$C=1.8 \times 10^{-9}$，$f=1$，$b=0$。

（4）控制方程离散方法。

对控制方程采取不同的离散方式将会产生不同的数值求解方法。根据离散原理的不同，CFD 中离散方法主要分为有限差分法、有限元法和有限体积法。有限差分法对复杂几何体适应性较差，近年来已经逐渐被有限元法和有限体积法代替。有限元法相对有限差分法，能够处理复杂的几何边界条件，在固体力学的仿真计算中使用较多，但在流体力学计算中应用极少。有限体积法不仅具有有限差分法良好的守恒性，而且能够如有限元法处理复杂的边界条件，在流体力学的仿真计算中有着良好的适用性。ANSYS 软件 Fluent 模块就是使用有限体积法来离散 N–S 方程的。

4.4.2 冲蚀特征分析

在实际工程应用中，最大冲蚀率是考核管道安全的一个重要参数。固定式节流阀在节流孔口和出口处最容易发生冲蚀，在节流孔口处区域为冲蚀速率最大的位置，而非入口正对着的区域，因为由于入口处的流体压力降低使流体速度方向向出口方向处发生了偏移，且速度值出现急剧增大，故在节流孔处冲蚀速率最大。在节流孔出口处，由于流体产生了回流漩涡，故在节流孔口出口处冲蚀速率也较大。

（1）颗粒质量流量与冲蚀速率的关系。

颗粒质量流量体现了单位时间内撞击管道壁面的砂粒数量的多少。颗粒初始速度设置为 1m/s，圆球度设置为 1，只改变颗粒的质量流量的大小进行数值模拟仿真。表 4–4 显示了不同的质量流量对应的最大冲蚀速率值，不同质量流量下冲蚀速率图与孔口冲蚀云图分别如图 4–13、图 4–14 和图 4–15 所示。

表 4–4　不同的质量流量对应的最大冲蚀速率值

质量流量 / (kg/s)	孔口冲蚀速率值 / [kg/ (m² · s)]	孔口冲蚀速率值 / (mm/a)	孔口出口处冲蚀速率值 / [kg/ (m² · s)]	孔口出口处冲蚀速率值 / (mm/a)
1×10^{-6}	3.01×10^{-6}	1.33	1.01×10^{-9}	0.0044
2×10^{-6}	4.61×10^{-6}	2.04	3.21×10^{-9}	0.0142
3×10^{-6}	8.66×10^{-6}	3.84	1.58×10^{-8}	0.0702

续表

质量流量 / (kg/s)	孔口冲蚀速率值 / [kg/ (m² · s)]	孔口冲蚀速率值 / (mm/a)	孔口出口处冲蚀速率值 / [kg/ (m² · s)]	孔口出口处冲蚀速率值 / (mm/a)
4×10^{-6}	9.38×10^{-6}	4.16	5.38×10^{-8}	0.2391
5×10^{-6}	1.52×10^{-5}	6.75	8.31×10^{-8}	0.3692

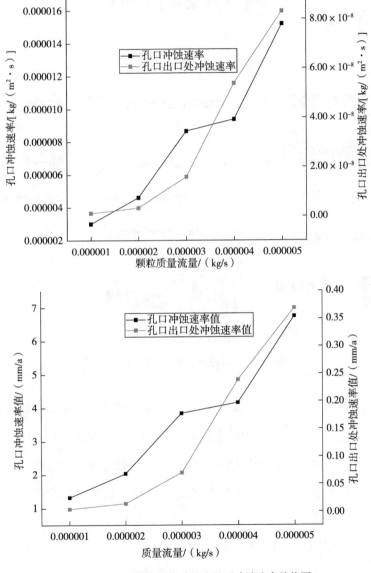

图4-13　不同固体颗粒质量流量下冲蚀速率趋势图

图4-14　质量流量为10^{-6}kg/s工况下节流阀冲蚀云图

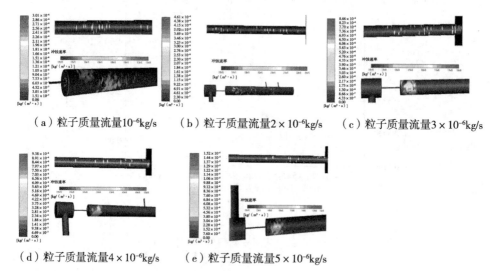

（a）粒子质量流量10^{-6}kg/s　　（b）粒子质量流量2×10^{-6}kg/s　　（c）粒子质量流量3×10^{-6}kg/s

（d）粒子质量流量4×10^{-6}kg/s　　（e）粒子质量流量5×10^{-6}kg/s

图4-15　不同颗粒质量流量下的孔口冲蚀云图

图4-13显示，冲蚀速率和颗粒的质量流量呈逐渐增大关系，即当颗粒的质量流量从10^{-6}kg/s增大到5×10^{-6}kg/s时，不同部位的冲蚀速率呈现逐渐增大的状态。图4-15表明，孔口的冲蚀速率和孔口出口处的冲蚀程度最严重，但两者呈现不同数量级的大小，孔口处的冲蚀速率比孔口处的冲蚀速率大2～3个数量级。

（2）颗粒速度大小与冲蚀速率的关系。

管道内的颗粒的速度是影响冲蚀速率的重要因素之一，颗粒的速度取决于天然气流速，颗粒的质量流量设置为 3×10^{-6} kg/s，颗粒的圆球度设置为 1，其他参数不变，只改变天然气的速率大小进行数值模拟仿真，表 4–5 为不同的天然气入口速度下对应的最大冲蚀速率数值，不同颗粒入口速度下冲蚀速率云图与孔口冲蚀云图分别如图 4–16 和图 4–17 所示。

表 4–5　不同颗粒速度对应的最大冲蚀速率值

颗粒入口速度 / （m/s）	孔口冲蚀速率值 / [kg/ （m² · s）]	孔口冲蚀速率值 / （mm/a）	孔口出口处冲蚀速率值 / [kg/ （m² · s）]	孔口出口处冲蚀速率值 / （mm/a）
1.1	3.87×10^{-7}	1.72	9.37×10^{-9}	0.04
1.2	3.95×10^{-7}	1.76	2.75×10^{-9}	0.01
1.3	4.02×10^{-7}	1.79	2.92×10^{-9}	0.01
1.4	4.39×10^{-7}	1.95	3.80×10^{-9}	0.02
1.5	4.67×10^{-7}	2.08	4.99×10^{-9}	0.02
1.6	4.93×10^{-7}	2.19	5.1×10^{-9}	0.02
1.7	5.06×10^{-7}	2.25	5.58×10^{-9}	0.03
1.8	5.44×10^{-7}	2.42	5.61×10^{-9}	0.03
1.9	5.52×10^{-7}	2.45	5.72×10^{-9}	0.03

图 4–16 表明，最大冲蚀速率随着颗粒人口速度的持续增大而不断增大，造成这样的主要原因之一是当管道内的流体速度较低时，由于固体小颗粒自身的速度较小，对管道内壁的撞击冲量较小，故而冲蚀结果不明显；随着管道流体流动速度的不断增大，颗粒的动能由于气体的作用而增大，从而导致砂粒对管道管壁撞击时的冲量增大，对管道的冲蚀作用也就更加严重。

（3）颗粒直径与最大冲蚀速率关系。

在保持其他条件不变的前提下，通过改变砂粒的直径这一单一变量来分析其对冲蚀的影响，分别以 10μm、20μm、30μm、40μm、50μm、60μm、70μm、80μm、90μm 的粒径模拟工况进行冲蚀仿真模拟，模拟得到其最大冲蚀速率的变化情况曲线如图 4–18 所示，相关数据见表 4–6。其中，同颗粒值直径下固定阀冲蚀云图如图 4–19 所示。

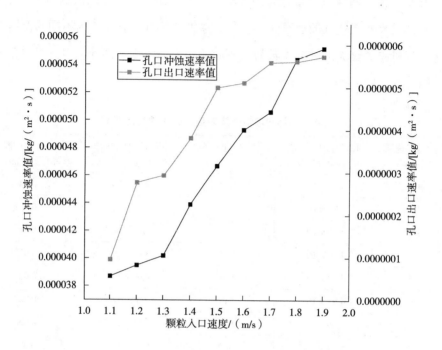

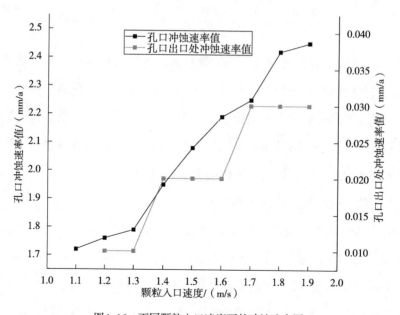

图4-16 不同颗粒入口速度下的冲蚀速率图

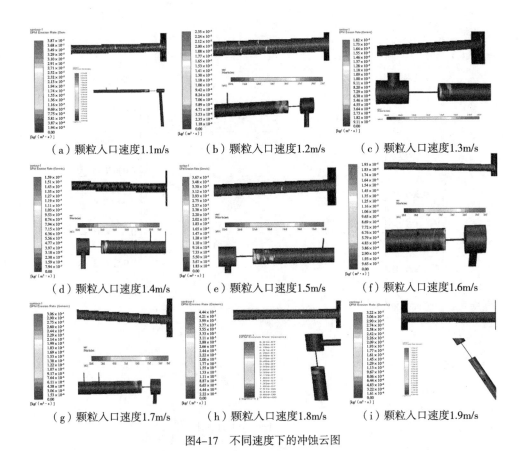

（a）颗粒入口速度1.1m/s　　（b）颗粒入口速度1.2m/s　　（c）颗粒入口速度1.3m/s

（d）颗粒入口速度1.4m/s　　（e）颗粒入口速度1.5m/s　　（f）颗粒入口速度1.6m/s

（g）颗粒入口速度1.7m/s　　（h）颗粒入口速度1.8m/s　　（i）颗粒入口速度1.9m/s

图4-17　不同速度下的冲蚀云图

表 4-6　不同颗粒直径与最大冲蚀速率表

颗粒直径 /μm	孔口冲蚀速率值 / [kg/ (m² · s)]	孔口冲蚀速率值 / (mm/a)	孔口出口处冲蚀速率值 / [(kg/ (m² · s)]	孔口出口处冲蚀速率值 / (mm/a)
10	2.97×10^{-6}	1.32	11.1×10^{-9}	0.05
20	2.52×10^{-6}	1.12	7.58×10^{-9}	0.03
30	1.86×10^{-6}	0.83	2.76×10^{-9}	0.01
40	2.23×10^{-6}	0.99	4.13×10^{-9}	0.02
50	1.33×10^{-6}	0.59	4.63×10^{-9}	0.02
60	1.6×10^{-6}	0.71	4.3×10^{-9}	0.02
70	1.77×10^{-6}	0.79	2.58×10^{-9}	0.01
80	1.76×10^{-6}	0.78	4.26×10^{-9}	0.02
90	1.61×10^{-6}	0.72	4.30×10^{-9}	0.02

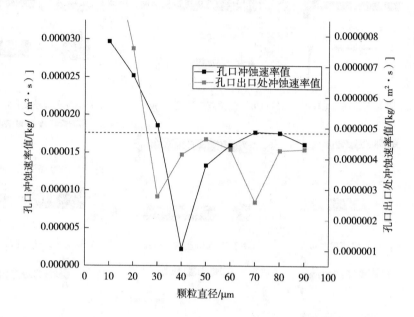

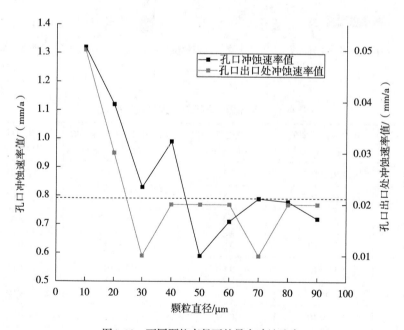

图4-18　不同颗粒直径下的最大冲蚀速率

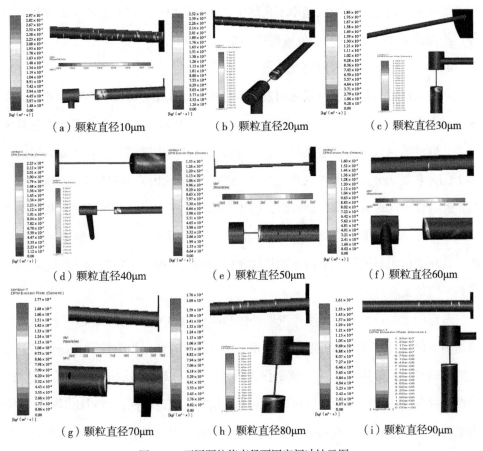

（a）颗粒直径10μm　　（b）颗粒直径20μm　　（c）颗粒直径30μm

（d）颗粒直径40μm　　（e）颗粒直径50μm　　（f）颗粒直径60μm

（g）颗粒直径70μm　　（h）颗粒直径80μm　　（i）颗粒直径90μm

图4-19　不同颗粒值直径下固定阀冲蚀云图

由图 4-18 可知最大冲蚀速率随着直径的增大先变小，然后再增大，增大到一定值时保持基本不变。出现随着直径增大先变小情况的主要原因是在粒子直径较小时，保持质量流量不变情况下粒子数量变多，粒子冲击壁面的频率较大，从而导致冲蚀速率较大。随着粒子直径的增大，粒子数量逐渐变少，导致冲击管壁的总次数降低。尽管砂粒的直径增大，单个砂粒的能量增大，但其与管壁接触的面积也增大，单位面积上的受力减小，总的来说砂粒对管壁的冲蚀作用减弱，逐渐减小的趋势是由颗粒数量和颗粒直径两者对冲蚀所起作用逐渐趋于平衡所导致的。如果在砂粒粒径不断增大的同时，适当增大砂粒的质量流量，即保持同样的粒子携带量，可得砂粒对管壁的冲蚀速率随直径的增大而增大，但是当粒子的尺寸增加到一定值时，冲蚀速率不再增大，主要是由于"尺寸效应"的作用。另外，根据图 4-19 可知其冲蚀位置保持不变。

4.4.3　冲蚀影响因素重要度分析

灰色关联分析是根据因素之间发展态势的相似或相异程度，衡量因素之关联程度的一种系统分析方法[43]。依据该理论，可以比较出冲蚀仿真模拟中各对比因素（颗粒流速、砂粒质量流量、砂粒直径）与参考因素即母因素（最大冲蚀速率）的关联度，并可以根据关联度的大小判断各对比因素对母因素的影响程度。基于此，以不同影响因素分析时得到的模拟数据为基础，结合所建立的灰色关联模型，以最大冲蚀速率为评价指标，给出了各对比因素与最大冲蚀速率的关联度。这对于认识不同工况下的冲蚀规律及揭示各对比因素对冲蚀速率的影响程度具有一定的实际意义。

节流阀上的最大冲蚀速率是判断冲蚀影响作用的重要指标，对于产生最大冲蚀速率的部位，其被损坏的壁面材料相对比较严重，壁厚损失较大，是管道上最易失效的部位，故以最大冲蚀速率作为参考因素，以砂粒流速、砂粒质量流量、砂粒形状系数、砂粒直径作为对比因素，应用灰色理论，探讨各对比因素对冲蚀速率的影响规律。按灰色关联分析法，假设仿真模拟得到的最大冲蚀速率数据共有 m 组，以最大冲蚀速率作为参考因素，其模拟值为：

$$\{x_0(j)\} = \{x_0(1), x_0(2) \cdots x_0(m)\} \qquad (4-8)$$

其中，j=1，2，…，m。

以 $U=\{u_1, u_2, \cdots, u_n\}$ 中各因素 u_i（即颗粒质量流量、颗粒速度、颗粒直径）为对比因素，其设定值为：

$$\{x_i(j)\} = \{x_i(1), x_i(2) \cdots x_i(m)\} \qquad (4-9)$$

其中，i=1，2，…，n。

为了使参考因素和对比因素具有可比性，按式（4-10）对其进行无量纲化处理。

$$Y_i(j) = \frac{x_i(j)}{\frac{1}{m}\sum\limits_{j=1}^{m} x_i(j)} \qquad (4-10)$$

计算 $Y_i(j)$ 和 $Y_0(j)$ 在第 j 个点的关联度：

$$\xi_i(j) = \frac{\min\{|Y_0(j)-Y_i(j)|\} + 0.5\max\{|Y_0(j)-Y_i(j)|\}}{|Y_0(j)-Y_i(j)| + 0.5\max\{|Y_0(j)-Y_i(j)|\}} \qquad (4-11)$$

其中，$\min\{|Y_0(j)-Y_i(j)|\}$ 为 $|Y_0(j)-Y_i(j)|$ 的最小值；

$\max\{|Y_0(j)-Y_i(j)|\}$ 为 $|Y_0(j)-Y_i(j)|$ 的最大值；

$i=1$，2，$\cdots$，n；

$f=1$，2，$\cdots$，m。

关联系数的平均值为：

$$r_i = \frac{1}{m}\sum\limits_{j=1}^{m} \xi_i(j) \qquad (4-12)$$

此即各单因素对冲蚀速率的关联度，其大小反映了各单因素的影响程度，关联度越大，其相对影响程度越大。

根据模拟得到的数据通过式（4-10）至式（4-12）进行计算得到的结果见表4-7。表4-7中数据为孔口处关联度和孔口出口处关联度，由表中数据可知关联度的大小都比较大，即说明这三个因素对冲蚀速率的影响都很大。但是其中关联度最大的因素为颗粒质量流量，其次为颗粒速度、颗粒直径；前二者比较接近。关联度越大，影响作用越大，所以，在各影响因素中控制颗粒质量流量对减小冲蚀速率作用最大。

表 4-7　不同影响因素的无量纲关联度

影响因素	颗粒质量流量	颗粒速度	颗粒直径
孔口处关联度	0.680	0.671	0.601
孔口出口处关联度	0.800	0.733	0.726

第五章

超高压含硫气井井口安全控制

高压、超高压含硫气井井口天然气压力高，与下游集气设备的压差大。虽然在工艺设备（如水套加热炉、分离器）上都设置了安全阀，保证了工艺设备不超压和安全运行，但当井口下游设备故障或安全阀故障时，仍将威胁工艺设备的安全运行。如果下游管线破裂，必将引起天然气大量泄放，特别是对于酸性气体，若点火不及时，将对站场操作人员和周边居民的人身安全造成极大的威胁。根据国家标准《油气集输设计规范》（GB 50350—2015）要求[44]应在天然气井井口装置上安装井口高低压紧急关断阀。以便在采集气站场发生意外和失控的情况下快速截断井口气源。

5.1 超高压含硫天然气井口地面安全截断系统组成及功能

5.1.1 井口地面安全截断系统的组成

井口地面安全截断系统由检测装置、井口控制盘、液压执行机构、截断阀、信号管线等组成。

（1）截断阀。

为了保证人身生命安全，维持井站工艺设备和自控设备的安全运行，需在井口设置地面安全截断系统。井口地面安全截断系统因井口截断阀安装位置的不同和工作介质的差别，分为以下类型：

①　对于产量不高的气井，井口地面安全截断系统只设置一只截断阀，该阀通常与井口采气树手动翼阀串联安装；

②　为防止一只截断阀动作失误，井口地面安全截断系统可设置两只截断阀，第二只截断阀通常与采气树的手动主阀串联安装；

③　对于产量高、介质腐蚀性强的气井，为防止井口采气树破坏造成井喷，还可以设置三只截断阀。第三只截断阀安装在井下，称为井下安全阀，通常安装在井下 80 ~ 100m 的油管上，在完井时安装。由于井下的压力非常高，液压的驱动力大，井下安全阀的动力源通常为液压油。对于高压、高产量、高含硫的气井，宜在井下设置井下安全阀。

井口地面安全截断系统中的截断阀的阀体结构必须适用于相应工程介质及工况的特殊性。阀芯、阀座应耐磨，维修方便，更换容易。阀体和阀内件的材质应满足介质、工况和环境的要求。截断阀阀体上应有明确的流向标志，并且阀体上应设有吊装用吊环。

（2）液压执行机构。

液压执行机构由产品生产厂商根据井口工况设计提供。要求必须拆装维护方便，没有专用拆装工具的要求，液压执行机构带就地阀位指示，带火灾快速易熔塞。

（3）井口控制盘。

超高压含硫天然气的井口控制盘除了需要满足国家及行业的相关标准和法规外，还应满足以下要求：

①　井口控制盘带控制压力显示；

②　带 ESD 紧急手动关断阀；

③　井口控制盘内部部件材质为 316L；

④　各部件间气动管路连接管、管件材质为 316L；

⑤　井口控制盘箱体为 NEMA4 全天候，材质为 316SS；

⑥　控制盘应实用、紧凑和维修方便；

⑦　动力源要求安全、可靠和维修安装简单，自成系统，在井场没有任何动

力的情况下，可以保证执行器正常工作和关断后的开启，带快速泄放阀。截断阀门关断时间不短于15s，液动执行机构须密闭排放至液压油箱；

⑧ 超压安全保护阀为阀式，设定压力可调；

⑨ 液动执行机构液压油管线采用蓄能器，用以维持油路的工作压力。

（4）其他部件。

① 防火易熔塞为150psi，熔断温度120℃。

② 高压、低压检测点先导阀。高压、低压检测点先导阀及设定值刻度盘整体安装在工艺管道或设备上。高压设定值：10～20MPa（表），低压设定值2～5MPa（表），设定值现场可调。

③ 截断阀带手动开启手轮。

（5）连接管路。

井口地面安全截断系统的连接管路按每口井20m的长度配置，管路材质为316L，配齐全部管线及附件。为了减少泄漏，建议采用整盘长的液压管线。为了快速关闭井口，井口液动阀的回油管线应比供油管线大一些。

5.1.2 井口地面安全截断系统的功能

井口地面安全截断系统要求如下功能：高压检测装置检测到压力大于设定值时、低压检测装置检测到压力小于设定值时或火灾易熔塞融化（井口／装置区发生火灾，124℃易熔塞融化）时应自动关闭井口截断阀。

（1）先导阀。

先导阀可分为高压和低压，其主要功能是检测高压或低压是否超过设定值，当被测压力超过设定值时，信号泄压口开始排气，并向控制器发出信号。随后，控制器发出关井信号，关闭井口截断阀。先导阀的高压、低压设定值可现场调整。其中高压设定值应低于工艺专业安全阀的定压。

（2）易熔塞。

在采气树上方安装易熔塞。当井口发生火灾时，易熔塞熔化对控制信号进行排气泄压，并向控制器发出信号。控制器在接收到上游信号后发出关井信号，关闭井口截断阀。

（3）液动执行机构。

井口地面安全截断系统的执行机构是液动的，开阀动作必须有液压油驱动。

（4）控制器。

接收先导阀、易熔塞的测量信号，也接收远程终端装置（RTU）发出的关井信号（需加装电磁阀），进行逻辑判断，将执行机构的气体排空，井口截断阀关闭。控制器向执行机构充气，井口截断阀开启。

（5）截断阀。

截断阀如安装在井口采气树翼阀，则主要用于井口的安全截断；若安装在井口采气树主阀，则主要用于防止井口的翼阀截断阀动作失误。井下安全阀其主要功能是防止井喷和井口采气树损坏。

截断阀为平板闸阀，闸板向下移动则截断阀开启，闸板向上移动则截断阀关闭，该阀与通常使用的平板闸阀的动作方向相反。

（6）液压油动力源。

井口地面安全截断系统采用液压油作为井口安全截断系统的动力源。液动井口安全截断系统的关井时间较长，主要取决于信号管线的长度。井下安全阀和地面截断阀的控制信号均采用液压信号进行控制。利用液压油作为动力源主要优点为液压油对液压元件和执行机构不会造成腐蚀，能延长设备的使用和维护时间。关井时间为 5 ~ 8s，主要取决于液压管线的长度。同时需要定期对液压系统补充压力，因液压元件一旦泄漏会造成关井。

5.2　超高压含硫天然气站场安全联锁控制系统

为了保证整个单井站内值班人员的人身安全、现场的设备安全及整个装置的正常运行，单井站除设置有非常重要的井口地面安全截断系统外，还设置有地面安全联锁控制系统。

对于单井站，由于相关设置的 I/O 点较少，可采用 CPU 卡、电源卡、通信卡冗余的 RTU/PLC 控制系统进行过程控制和安全联锁，不单独设置安全仪表系统。川西北气田单井站生产中主要的数据采集和控制功能由 RTU/PLC 控制系统完成，RTU/PLC 将单井站的重要工艺参数通过光纤通信系统上传至气田区域调度控制中心，同时气田区域调度控制中心将信息上传至气矿调度控制中心进行监视、报警。

5.2.1 水套炉安全联锁设置

水套炉设置两台火焰检测器，监视火焰是否正常，当火焰熄灭时，切断燃料气联锁切断阀。切断阀可采用气动切断阀，也可采用电磁阀。气动切断阀采用单电控，失电则失气阀门关闭。电磁阀采用电开阀，失电则电磁阀关闭。

5.2.2 分离器安全联锁设置

含硫天然气经水套炉加热后，通过节流阀进入分离器将天然气中的游离水分离出来，避免在天然气计量和输送时造成管线内积液。分离器中的含硫气田水排入低压污水罐储存。

分离器的液位采用自动控制时，应对分离器的液位低低（分离器低液位超低时进行联锁保护）进行安全联锁，设置液位低联锁阀，当液位低时切断联锁阀，保护低压污水罐不超压。液位低低联锁阀采用气动切断阀，气动切断阀采用单电控，失电则失气阀门关闭。

5.2.3 压力变送器设置

（1）在水套炉含硫气进口设置双压力变送器。当双压力变送器均检测到压力超高时，关闭井口安全系统，以保护水套炉不超压。

（2）在分离器入口管线设置的双压力变送器分别用于压力检测超高时联锁截断、报警和压力超低联锁截断、报警。当检测到分离器入口管线压力超高时，关闭井口地面安全截断系统，以保护站内设备不超压。当检测到分离器入口管线压力超低时，先关闭井口地面安全截断系统，再关闭出站切断阀。

5.2.4 出站切断阀

在单井站出站设置切断阀，当集气管线破裂时，关闭出站切断阀。出站切断阀可采用气/液联动阀，也可采用气动切断阀。气动切断阀采用单电控，失电则失气阀门关闭。气/液联动阀应采用失电和管线压降速率超高时关闭阀门。

5.2.5　联锁程序

（1）当站内出现超压或集气管线破裂时，应先启动井口安全系统，关闭井口截断阀，井口截断阀阀位开关闭合后，再关闭出站切断阀。

（2）当站内发生含硫气体泄漏、火灾时，应先启动井口安全系统，关闭井口截断阀，井口截断阀阀位开关闭合后，再关闭出站切断阀，同时打开泄压阀进行泄压。

（3）当天然气净化厂、集气站关闭进站阀门，通过 SCADA 系统或单井站 RTU 远程信号关闭井口截断阀。

5.3　L16 井井口地面安全截断系统

以 L16 井飞仙关组气藏试采工程为例介绍地面安全系统的应用实例。井口地面安全截断系统能确保控制柜对侧翼安全阀的自动控制，对站内的多级节流管线和设备进行超压自动保护，自动关闭侧翼安全阀的检测点为 4 个，自动关闭主安全阀的取样点为 1 个。

在一级节流阀的后端，站内 55MPa 管线处安装一个高压先导阀（Pressure-Switch High，PSH）PSH-1，当压力高于设定压力 56 ~ 60MPa 时，侧翼安全阀的自动关闭。PSH-1 高压先导阀的工作压力为 4000 ~ 10000psi，下部带仪表针阀 9/16in AUTOCLAVE 20K，可以在现场进行压力标定，管线上的连接接口为 9/16in AUTOCLAVE BOX THD。

在二级节流阀的后端，站内 25MPa 管线处安装二个高压先导阀 PSH-2 和 PSH-3，在任意一个高压先导阀压力高于设定压力 26 ~ 30MPa 时，侧翼安全阀的自动关闭。PSH-2 和 PSH-3 高压先导阀，工作压力为 2000 ~ 4000psi，下部带仪表针阀 1/2in NPT 10K，可以在现场进行压力标定，管线上的连接接口为 1/2in NPT BOX THD。

在三级节流阀的后端，站内 4.37 ～ 5.38MPa 管线处安装一个 PSH/PSL 高低压先导阀 PSHL-4，在压力超过设定压力范围 3.5 ～ 5.5MPa 时，侧翼安全阀的自动关闭。PSII/PSL 高低压先导阀 PSHL-4，工作压力为 250 ～ 800psi，下部带仪表针阀 1/2in NPT 2K，可以在现场进行压力标定，管线上的连接接口为 1/2in NPT BOX THD。先导阀、安装压力先导阀的内螺纹接口以及先导阀到控制柜之间的不锈钢连接管线及接头等附件均由井口地面安全截断系统供货商负责提供。

压力先导阀的压力信号分别单独连接到新控制柜的主控制开关上，每一路信号有两种状态显示，先导压力超高保护，红灯显示，主控制开关将关闭侧翼安全阀；先导压力工作正常，绿灯显示，主控制开关不动作，正常生产。

在新控制盘上装有紧急关断按钮，如果遇到紧急情况，可以在新控制盘实现就地紧急关断。

5.4 L004-X1 井井口安全截断及站场联锁控制系统

5.4.1 井口地面安全截断系统

L004-X1 井于 2016 年 12 月底投产，井口地面安全系统设置如图 5-1 所示。L004-X1 井设置双井口翼安全截断阀和一只井口主安全截断阀，井口翼安全截断阀冗余配置，每只井口翼安全截断阀分别独立设置五只低压导阀和 2 只高压导阀，即低压导阀分别位于一级节流阀前（PEL1、PEL2）、一级节流阀后（PEL3、PEL4）、二级节流阀后（PEL5、PEL6）、三级节流阀后（PEL7、PEL8）、五级节流阀后（PEL9、PEL10）共五处，高压导阀位于三级节流后（PEH1、PEH2）和五级节流后（PEH3、PEH4）共 2 处。当管线破裂或者爆管时，压力下降到低压导阀设定点以下，低压导阀动作，关闭井口翼安全截断阀；当下游阀门误动作、截断、节流阀损坏引起压力超高时，高压导阀动作，关闭井口翼安全截断阀，确保井口设备和人身安全。各节点控制参数表见表 5-1。

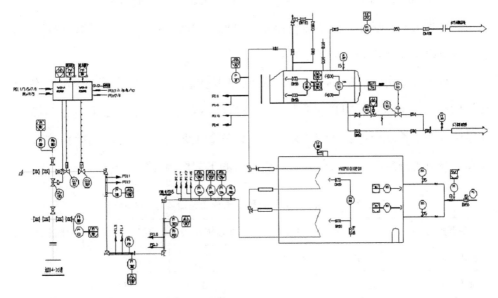

图5-1　L004-X1井控制流程图

表 5-1　L004-X1 井试生产期间高压部分工艺流程控制参数表

流程段	运行压力 /MPa	低报值 /MPa	低联锁 /MPa	高报值 /MPa	高联锁 /MPa
井口至一级节流前	90 ~ 108	87	83	—	—
一级节流后	75 ~ 80	57	52	86	95
二级节流后	50 ~ 55	36	33	59	65
三级节流后	22 ~ 27	21	19	27	30
五级节流后	3 ~ 5.5	3.0	2.5	5.7	6.0

　　L004-X1 井在一级节流前，二级节流前和节流后均选用 20000psi 的导阀，二级节流前运行压力不大于 80MPa，一级节流前运行压力不大于 108MPa，该两个点的压力较高，在实际调试过程中两处导阀的密封垫有 2 只出现了微量的泄漏，而设置于二级节流后（运行压力不大于 50MPa）的导阀在调试过程中未发现泄漏。

　　从低压保护功能上分析，在三级节流前（20000psi）分别设置了压力低导阀，各级之间压差非常高，天然气流速非常快，产量较高，当出现轻微泄漏，不会造成压力的快速丢失，无法起到联锁保护作用。当大量天然气泄漏或者爆管，会触发场站有毒气体或可燃性气体报警，后端压力快速丢失而触发联锁关井。因此，从安全运行上看，仅在五级节流后设置一只低压导阀，就可以起到低压保护的功能，也可以确保设备的安全运行。

根据上述分析，L004-X1 井的一级节流阀前低压导阀，一级节流阀和二级节流阀后高压、低压导阀可以优化取消。项目组结合研究成果，已于 2020 年 3 月开展该井井口的安全控制系统优化工作，以气矿工艺变更的形式，取消一级节流阀和二级节流阀后高压、低压导阀。优化后的工艺控制参数见表 5-2。

表 5-2   L004-X1 井优化后高压部分工艺流程控制参数表

流程段	运行压力 /MPa	低报值 /MPa	低联锁 /MPa	高报值 /MPa	高联锁 /MPa
三级节流后	17 ~ 25	16	13	26	28
五级节流后	3 ~ 5.5	3.0	2.5	5.7	6.0

5.4.2   地面站场联锁控制系统

L004-X1 井设置了一套独立于过程控制的安全仪表系统（SIS），安全仪表系统的逻辑控制器选用产品的安全完整性等级为 SIL2。安全仪表回路的最终控制元件采用井口地面安全截断系统的井口翼安全截断阀 SSV-101、SSV-102 以及采气树上的井口主安全截断阀 SSV-103。

根据《石油化工安全仪表系统设计规范》（GB/T 50770—2013）中控制阀的冗余设置要求 [45]：SIL1 级安全仪表功能，可采用单一的控制阀；SIL2 级安全仪表功能，宜采用冗余的控制阀，SIL3 级安全仪表功能，应采用冗余的控制阀。因此，对于 SIL2 的安全仪表回路，控制阀不冗余也是可行的方案，而根据 L004-X1 的 SIL 评估，井口的控制安全仪表功能为 SIL2，因而可选用单一的控制阀作为执行机构。从生产经验看，国内部分井口油压在 100MPa 以上，根据国内类似井站的经验，对于超高压含硫气井，其井口翼安全截断阀采用单一的控制阀是可行的。鉴于超高压含硫气井的特点，且当前对安全生产越来越重视，井口能否安全截断是安全生产非常重要的组成部分，当选用单一的井口翼安全截断阀时，其安全性、可靠性应充分论证以确保井口在紧急情况下的安全截断。井口翼安全截断阀应选用经过实际检验的产品，或者取得权威部门进行过安全完整性等级认证的产品，其安全完整性等级不得低于 SIL2。

L004-X1 井的安全仪表系统与井口地面安全截断系统的高压、低压导阀设置处并行设置了压力检测的变送器，即在一级节流阀前设置了 PT-301（LL 压力低联锁）、一级节流阀后 PT-302（HH 压力高联锁、LL 压力低联锁）、二级节流阀后 PT-303（HH 压力高联锁、LL 压力低联锁）、三级节流阀后 PT-304、PT-305、PT-306（HH 压力高联锁、LL 压力低联锁）、五级节流阀后 PT-307（HH 压力高联锁、LL 压力低联锁）共五处设置压力检测，当其中任意一处的压力超过设定值时联锁关闭 2 只井口翼安全截断阀，确保下游不超压或者避免可能的天然气爆管或者泄漏引起的安全事故。

5.4.3　L004-X1 井安全联锁控制系统优化

L004-X1 井在三级节流前工艺管线和设备的设计压力为 20000psi（138MPa），三级节流至五级节流的设计压力为 5000psi（34.5MPa），五级节流后为 6.3MPa。三级节流前整个设计压力与井口采气树等压力设计为 20000psi，不需要考虑该部分的高压或低压安全问题；三级节流后压力等级降为 34.5MPa，此时需要防止上游高压天然气不正常导致下游的超压，或者下游堵塞误关闭引起的超压，因而该处应设置相应的高压联锁检测点。五级节流后压力等级降为 6.3MPa，同样需要防止超压引起的安全事故。

综上所述，对于 L004-X1 井安全联锁保护，可以取消一级节流前、一级后和二级后的高低联锁保护；当井口安全完整性等级定义为 SIL2 时，可以设置一套井口地面安全截断系统，但是井口地面安全截断系统建议选用经过实际的类似工程检验的产品，或者采用安全完整性等级不低于 SIL2 的产品。

目前，L004-X1 井一级节流前、一级、二级后高低联锁已取消。优化前后的安全联锁因果关系表见表 5-3、表 5-4。

表 5-3 L004-X1 井安全联锁因果关系表（优化前）

序号	联锁原因			联锁结果						
	位号	功能描述	联锁设定	井口主阀 SSV_1101	井口翼阀 SSV_1102	井口翼阀 SSV_1103	分离器液位切断阀 SDV_1302	水套炉 UHC_1101	备注
1	HS-1101	单井火灾停车按钮	按下	C	C	C	C	C	
2	HS-1102	单井火灾停车按钮	按下	C	C	C	C	C	
3	HS-0101	控制室火灾停车按钮	按下	C	C	C	C	C	
4	RMAC-0701	L004-X1 集气站火灾按钮	按下	C	C	C	C	C	
5	ESD-2905	集输控制中心远程急停	按下		C	C	C	C	
6	ESZC-0731	L004-X1 集气站出站切断阀关闭	按下		C	C	C	C	
7	—	控制室紧急停车按钮	按下		C	C	C	C	
8	—	新观首站远程火灾停车	按下	C	C	C			
9	—	新观首站远程紧急停车	按下		C	C			
10	PT-1301	一级节流前压力低低	≤55MPa		C	C			
11	PT-1302	一级节流后压力低低	≤25MPa		C	C			
12	PT-1302	一级节流后压力高高	≥65MPa		C	C			
13	PT-1303	二级节流后压力低低	≤15MPa		C	C			
14	PT-1303	二级节流后压力高高	≥55MPa		C	C			

续表

序号	位号	功能描述	联锁设定	联锁结果					备注
				井口主阀 SSV_1101	井口翼阀 SSV_1102	井口翼阀 SSV_1103	分离器液位切断阀 SDV_1302	水套炉 UHC_1101	
15	PT-1304	三级节流后压力低低	≤13MPa						
16	PT-1305	三级节流后压力低低	≤13MPa		C	C			三选二
17	PT-1306	三级节流后压力低低	≤13MPa						
18	PT-1304	三级节流后压力高高	≥29MPa						
19	PT-1305	三级节流后压力高高	≥29MPa		C	C			三选二
20	PT-1306	三级节流后压力高高	≥29MPa						
21	PT-0411	五级节流前压力高高	≥5.7MPa		C	C	C	C	
22	PT-1307	五级节流后压力低低	≤2.5MPa		C	C	C	C	
23	PT-1307	五级节流后压力高高	≥5.7MPa		C	C	C	C	
24	LT-1301	分离器液位低低	≤10%				C		
25	LT-1301	分离器液位高高	≥30%				O		

注：压力高高、压力低低、液位高高、液位低低分别指超高压超高联锁保护、低压超低联锁保护；
液位高高、液位低低分别指分离器液位超高液位超高联锁保护、低液位超低联锁保护。

表5-4 L004-X1井安全联锁因果关系表（优化后）

序号	位号	功能描述	联锁设定	井口主阀 SSV_1101	井口翼阀 SSV_1102	井口翼阀 SSV_1103	分离器液位切断阀 SDV_1302	水套炉 UHC_1101	备注
1	HS-1101	单井火灾停车按钮	按下	C	C	C	C	C	
2	HS-1102	单井火灾停车按钮	按下	C	C	C	C	C	
3	HS-0101	控制室火灾停车按钮	按下	C	C	C	C	C	
4	RMAC-0701	L004-X1集气站火灾停车按钮	按下	C	C	C	C	C	
5	ESD-2905	集输控制中心远程急停	按下	C	C	C	C	C	
6	ESZC-0731	L004-X1集气站出站切断阀关闭	按下	C	C	C	C	C	
7	/	控制室紧急停车按钮	按下	C	C	C	C	C	
8	/	新观首站远程火灾停车	按下	C	C	C			
9	/	新观首站远程紧急停车	按下	C	C	C			
10	PT-1304	三级节流后压力低低	≤13MPa		C				
11	PT-1305	三级节流后压力低低	≤13MPa			C			三选二
12	PT-1306	三级节流后压力低低	≤13MPa		C				
13	PT-1304	三级节流后压力高高	≥29MPa		C				
14	PT-1305	三级节流后压力高高	≥29MPa			C			三选二
15	PT-1306	三级节流后压力高高	≥29MPa		C				

续表

序号	位号	联锁原因		联锁结果					备注
		功能描述	联锁设定	井口主阀 SSV_1101	井口翼阀 SSV_1102	井口翼阀 SSV_1103	分离器液位切断阀 SDV_1302	水套炉 UHC_1101	
16	PT-1307	五级节流后压力低低	≤2.5MPa		C	C	C	C	
17	PT-1307	五级节流后压力高高	≥5.7MPa		C	C	C	C	
18	LT-1301	分离器液位低低	≤10%				C		
19	LT-1301	分离器液位高高	≥30%				O		

第六章

超高压含硫气井开井投产模式化流程方案

超高压含硫天然气井口由于高压、含硫的特点，在开井过程中如果操作不当就会引发设备超压、有毒天然气大量泄放等重大安全生产事故。因此，结合充分的工艺实践，固化井口安全开井技术流程并确保开井安全是气井生产标准化的必然要求。但是，国内外尚无此类超高压含硫天然气井口安全开井的标准化模式可供借鉴。

6.1 试压

6.1.1 通用要求

超高压含硫天然气地面集输设备、管道安装完毕，焊缝无损检验合格后应按《石油天然气站内工艺管道工程施工规范》（GB 50540—2009）第 9.2 条[46]做好吹扫试压前准备工作。站内管道吹扫介质为空气，吹扫速度应大于 20m/s。当吹出气体无铁锈、尘土、石块、水等脏物时为吹扫合格。吹扫时系统中的节流装置孔板内部构件必须取出，调节阀、紧急截断阀、安全阀必须更换短节连通。

根据现场实际情况与实际需求，可采用水或压缩气体作为试验介质。

（1）水介质试验。

用水为介质做强度试验时，强度试验压力为 1.5 倍的设计压力。升压应平稳缓慢，分阶段进行。液体压力试验升压应分别按照试验压力的 30%、60%、100% 进行逐段升压；依次升压至各个阶段压力时，应稳压 30min，经检查无泄漏，即可继续升压；升到强度试验压力值后，稳压 4h，以管道目测无变形、无渗漏，压降小于或等于试验压力的 1% 为合格。

强度试验合格后再降到设计压力，进行严密性试验，严密性试验压力为设计压力，稳压 24h，以管道目测无变形、无渗漏，压降小于或等于试验压力的 1% 为合格。

试压用水介质应为中性洁净水（pH 值为 6.0 ~ 7.5），环境温度不低于 5℃，否则水压试验应有防冻措施。当对奥氏体不锈钢管道或连有奥氏体不锈钢管道或设备的管道进行试验时，水中氯离子含量不得超过 25mg/L。试验合格后，必须将管段内积水清扫干净。

（2）压缩气体介质试验。

用压缩气体为介质做强度试验时，强度试验压力为 1.15 倍的设计压力。升压应缓慢分阶段进行，升压速度应小于 0.1MPa/min；将系统压力升到试验压力的 10% 时，至少要稳压 5min，若无渗漏，就缓慢升压至试验压力的 50%，其后按逐次增加 10% 的试验压力后，都应稳压检查，无泄漏及无异常响声方可升压；当系统压力升到强度试验压力后，稳压 4h，以目测无变形、无泄漏为合格。

强度试验合格后再降到设计压力，进行严密性试验，严密性试验压力为设计压力，稳压 24h，以目测无变形、无泄漏为合格。

当采用气压试验并用发泡剂检漏时，应分段进行。升压应缓慢，系统可先升到 0.5 倍的强度试验压力，进行稳压检漏，无异常无泄漏时再按强度试验压力的 10% 逐级升压，每级应进行稳压并检漏合格，直至升至强度试验压力，经检漏合格后再降至设计压力进行严密性试验，经检查无渗漏为合格。每次稳压时间应根据所用发泡剂检漏工作需要的时间而定。

试验介质为压缩气体时，根据调研，当压力较高时，一般采用高压液氮泵车产生高压氮气作为试验介质。

6.1.2 超高压工艺管路试压

超高压部分需要参与试压的为测温测压套、角式节流阀、仪表管阀件等，可根据现场试压条件，在确定所有的设备均在厂家进行 1.5 倍设计压力的强度试验的情况后，在场站施工现场可不再进行强度试验，但仍需进行严密性试验。

（1）水介质试验。

① 试压前准备。采用清水冲洗泵车，泵车压力根据现场实际需求选取。确保介质为洁净水，仪表阀采用 9/16in AUTOCLAVE 20K，高压软管采用 9/16in 及相对应的卡套接头。关闭翼安全阀，并进行采气树检漏。

② 对采气树的各个阀门进行注脂。

③ 将一级节流阀前的测温测压法兰上的压力表拆除，将压力表下的 9/16in 仪表阀与高压软管连接。

④ 关闭试压段最后一个节流阀并打开试压段之间的所有节流阀，对试压段上水。

⑤ 上水完成后先升压至试验压力 10% 检漏。若发现渗漏，卸压整改；检漏合格后依次打压 30%、60% 检漏，合格后打压至试验压力（1.5 倍设计压力），稳压 4h，以管道无变形、无渗漏、压降不大于试验压力的 1% 为合格。

⑥ 强度试验合格后则泄压到严密性试验压力（1 倍设计压力），稳压 24h，以管道无变形、无渗漏、压降不大于试验压力的 1% 为合格。

⑦ 试压合格后，缓慢泄压至常压，并排尽试压段内水介质。

⑧ 关闭井口闸阀、角式节流阀及泄压放空阀，挂上阀门开关指示牌。

⑨ 清水泵车卸压完毕后，先卸掉试压用的高压软管及管配件，再安装一级节流阀前的测温测压法兰上的压力表。

⑩ 出具试压报告，施工结束。

（2）压缩气体介质试验。

① 试压前准备。试压介质采用液氮，液氮泵车根据现场实际需求选择合适压力，仪表针阀采用 9/16in AUTOCLAVE 20K，高压软管采用 9/16in 及相对应的

卡套接头。关闭翼安全阀，并进行采气树检漏。

②　对采气树的各个阀门进行注脂。

③　将一级节流阀前的测温测压法兰上的压力表拆除，将压力表下的9/16in仪表阀与高压软管连接。

④　关闭试压段最后一个节流阀，并打开试压段之间的所有节流阀，充入液氮进行试压。

⑤　先升压至试验压力10%检漏，若发现漏气，卸压整改；检漏合格，则打压至50%，检漏合格后依次打压60%、70%、80%、90%检漏，合格后打压至试验压力（1.15倍设计压力），稳压4h，以管道无变形、无泄漏为合格。

⑥　强度试验合格后则泄压到严密性试验压力（1倍设计压力），稳压24h，以管道无变形、无泄漏为合格。

⑦　试压合格后，打开试压段最后一级节流阀及下游放空阀，缓慢泄压至常压。

⑧　关闭井口闸阀、角式节流阀及泄压放空阀，挂上阀门开关指示牌。

⑨　液氮泵车卸压完毕后，先卸掉试压用的高压软管及管配件，再安装一级节流阀前的测温测压法兰上的压力表。

⑩　出具试压报告，施工结束。

6.2　投运组织

从目前国内首批进行生产的气田运行情况来看，在投产初期，由于井底脏物多，产出组分复杂且产量低，在投运后时常出现井筒和站内一级节流阀、二级节流阀之间采气管线异物堵塞、分离器出口处异物堵塞、井口针阀损坏、集输管线堵塞等异常生产现象，影响沿线管线及后续站场安全稳定生产。

超高压的单井开井作业之前，应按规范进行放空提喷操作，以确保井口及站场设备的安全运行，减少不必要的损失。此外，在投产时进行放喷可提高井口流动温度，降低井口流动压力。

6.2.1 运行前准备工作

（1）消防系统的验收检查许可。

投产前还需对装置内外设计的防火系统、消防系统进行全面检查，并保证消防系统试运投产完毕。包括消防系统（如站场的移动灭火器等）、消防道路、应急通道、安全阀、呼吸阀、爆破片、火炬和放空系统、电器设备、动力配线及仪表配线的防火、电气及仪表的防爆等级、容器及管线的防雷（防静电）接地系统等。

（2）工程检查和验收。

① 施工结束后，组织生产、施工、设计、监理、质检等各方对工程质量进行全面检查，各项工程质量均达到设计要求，且资料齐全，方可组织试运投产。

② 设备及管道吹扫、清洗合格，设备及管道强度试验和严密性试验符合标准及规范要求，详细核实吹扫记录与试验记录，装置内管道应在清洗、试压、吹扫、气体置换合格后进行。

③ 安全阀经当地质监局检验调校，定压达到设计要求。

④ 压力容器通过当地特种设备检验机构的检查并取得"压力容器使用许可证"。

⑤ 工艺设备、管道及仪表安装达到设计要求，仪表调校达到设计要求。

⑥ 隐蔽工程验交合格，土建、防腐、人身防护、涂色符合设计要求。

⑦ 自控系统及电气设备安装符合工艺过程控制及安全保护的设计要求。

⑧ 流量计、温度计、压力表经法定部门标定，达到设计要求，单机试运合格。

（3）技术准备。

① 制订并演练《投产方案》和《应急预案》。

② 生产运行人员应提前进行岗位技术培训和安全培训，熟练掌握各专业的技术，经考试合格取得"三证"（岗位操作证、安全上岗证、压力容器操作证）者方可上岗。

③ 完成各种运行报表、值班记录本的编制和印刷工作。

（4）注意事项。

① 单井与天然气净化厂、输气管道沿线有关生产、管理部门的通信联系必须畅通。

② 装置投产采取自控和手动相结合的方式。为保证安全生产，方便管理和明确责任，装置应根据实际情况划分操作岗，并制订各个操作岗的岗位责任制度。

③ 在试运投产前将各设备和主要阀门按编号做好标记，设备应采用油漆做永久性标记。主要阀门可用临时挂牌处理。

④ 每个阀门在开工前均应处于关闭状态。开工时，需要打开时再打开，并建立阀门开、关挂牌制度。当阀门关闭时，应在其上挂"关"的悬牌；当阀门开启时，则应将"关"的悬牌改换为"开"的悬牌。

6.2.2　操作要点

超高压气井开井初期由于井筒内有一段静止气，该段气体压力高，温度接近环境温度，冬季温度更低，为满足开井要求，利用井口的放喷设施放喷，待井口温度提升后，进入正常生产流程，一般情况下应保证井口温度高于水合物形成温度才可进入正常生产流程。

6.2.3　装置投产前准备

投产准备是气井投产前的重要环节，为投产创造必要的条件，进而为生产奠定基础。

针对川西北地区的超高压含硫气井，投产准备工作应建立固定模式，主要包括组织准备、人员准备、技术准备、物资准备、外部条件准备五个方面。属地生产管理单位在编制试运行方案时应将以上准备要求写入其中，制订计划大表及物资清单。

（1）组织准备。

气井投产前必须成立该井投产的组织机构，划分专业小组，制订相应职责规定，并根据风险作业人员到现场矩阵管理方案明确到场人员。

成立的组织机构应至少包含投运领导组、现场指挥组、工程技术组、现场操作组、应急消防组、后勤保障组、环境检测组，可根据气井实际情况、风险程度设立其他专项组，以确保气井顺利安全投运。指令传达及情况上报流程由投运领导小组现场指挥各生产人员。由于投产初期各小组组长均在现场，为确保在生产过程中各组人员信息对等及应急处置的有效性，现场统一由现场指挥组下达指令。

（2）人员配置与培训。

气井在地面建设阶段，属地生产管理单位应安排专人跟踪地面建设情况并落实现场问题的整改，以确保气井投运时能满足现场安全操作。

新井主体工艺流程建设完毕，属地生产管理单位应根据本单位实际情况对新井配备操作人员，人数根据现场工艺流程确定，例如开井操作中仪控室1人、井安控制柜1人、井口采气树阀门2人、水套炉三级节流阀、四级节流阀各1人、场站外围警戒1人，共需7人。

根据超高压含硫气井的基本特征和投产运行要求制订人员的培训计划，开展专项培训。以能力建设为重点，坚持思想作风教育与业务培训相结合、理论培训与生产实践相结合、课堂培训与现场"练兵"相结合，分层分类开展培训。

① 管理人员培训目标：管理人员经培训后应具备较强的组织管理、团队建设和沟通协调能力，以适应试运指挥和生产管理的需要。

② 专业技术人员培训目标：专业技术人员经培训应具备解决实际问题的能力、技术管理和创新能力，能指导投产试运和解决生产过程中技术疑难问题，在投产试运中发挥技术骨干作用。

③ 操作人员培训目标：操作人员经培训熟悉装置工艺流程和设备、仪表性能，掌握操作要领。班组长等技能操作骨干，还应具备现场管理、生产操作调整及事故判断和应对的能力。

④ 理论培训：采用集中培训的方式，由属地生产管理单位专业技术人员授课，学习气井建设的施工图设计、试运行方案、操作规程及应急处置程序，掌握气井工艺流程、运行参数、设备的结构原理、维护保养标准及一般故障处理方法。

⑤ 安防培训：针对川西北地区气井含硫的特点，必须组织员工进行硫化氢安全防护培训，掌握硫化氢基本知识，会穿戴正压式空气呼吸器，会使用便携式气体报警仪，通过实际操作考核的形式使人人达标；组织进行消防器材使用培训、人工呼吸、心肺复苏等急救方式培训，使人人达标。

⑥ 跟班培训：川西北地区已有几口超高压含硫气井正常投产，组织新井投产操作员工到此类井站跟班培训，转变思想，将"无知无畏""望而生畏"的意识转变为"了解风险""会控风险"，逐渐打造一支心理素质过关的队伍。

⑦ 现场培训：到新井现场，由设备厂家对各工艺设备进行培训，现场演示操作；参与设备单体调试和自控联锁调试，掌握生产运行参数；通过模拟开井、应急演练实现人人达标。

（3）资料准备。

① 生产技术文件。包括试生产运行方案、操作规程、操作卡、启动前安全检查（PSSR）、工艺及仪控流程图（PID）、应急处置程序、设备设施说明书、生产运行记录表、设备设施台账等。

② 管理文件。包括气矿或属地生产管理单位下发的计划、技术、质量、自动化、计量、安全、消防、环保、档案、财务等管理制度。

③ 培训资料。包括工艺、设备、仪表控制等方面基础知识教材，专业知识教材，主要设备结构图、说明书，安全、环保、职业健康及消防、气防知识教材，安全经验分享等。

④ 试运行方案。包括气井基本情况、钻井试油情况、井身结构、地面工艺介绍、人员物资准备情况、水合物防治措施、安全保护措施、电气仪表系统情况及调试、场站置换升压验漏、启动前安全检查、组织机构、开井操作步骤及注意事项、生产资料录取要求、存在的风险及控制措施、应急处置程序、联系方式等。

（4）水合物预测与防治。

① 水合物形成温度预测。

新井投产前，需开展气井井筒及地面工艺流程关键节点的水合物形成温度预测工作。井筒水合物形成温度预测应根据气井井身结构、地层压力温度、流体性质、产能及完井管串等数据，利用 Pipesim 等软件建立气井模型，结合测井解释成果（主要考虑是否产水），对不同生产规模下的井筒流动温度及水合物形成温度进行预测。针对同区块同层位邻井有实测井筒流温数据的气井，应利用实测的井筒流温数据对计算模型进行修正，得到可靠的井筒水合物形成温度预测值。

地面工艺流程关键节点包括各级节流阀、场站进出站等位置，其水合物形成温度预测一般应以地面工艺流程设计中提供的数据为准。若设计中未明确相应参数，应根据各个关键节点的设计压力、井筒流温流压预测结果、流体性质及产能等数据，利用 HYSYS 等软件工艺模拟软件，对不同生产规模下的关键节点流动温度以及水合物形成温度进行预测。

② 水合物防治措施。

气井井筒温度随着产量的增加而升高，因此可以通过合理调节产量的方法来预防水合物的生成。新井投产前，应结合地质情况、井筒及地面条件，制订合理的配产范围。开井初期可利用超高压含硫气井放喷泄压流程大产量放喷提升井筒流动温度，待井筒流动温度升至水合物形成温度以上或稳定后再导入地面工艺流程生产。

此外，向井筒加注化学抑制剂可以降低水合物形成温度，推荐采用乙二醇。开井前，利用高压泵车向井筒内注入乙二醇溶液，乙二醇溶液的浓度、加注量与抑制效果成正比，但与成本成反比，需根据各井实际情况确定相关参数。

地面水合物防治措施一般有加热保温法（包括蒸汽保温、水套炉加热、电伴热等）、加注化学抑制剂法等。开井前，根据各井地面工艺流程关键节点的水合物形成温度预测结果，确定水套炉水浴温度、化学抑制剂加注制度等参数。开井初期，由于井筒流动温度上升至稳定状态需一定时间，应根据实际需要考虑采用蒸汽锅炉车对井口装置及一级节流加热、保温，防止井口装置及高压节流橇发生冰堵。

（5）元素硫沉积处理。

高含硫气田生产过程中，由于温度和压力的剧烈变化而产生硫元素的溶解量的变化，可能会析出元素硫，堵塞管道和设备，加剧对管壁的腐蚀。对于元素硫沉积，解决方案是采用泵注硫溶剂，通常分为连续加注物理硫溶剂或堵塞后临时加注高效化学硫溶剂解堵。

（6）地面腐蚀防护和高压节流工艺。

① 场站地面工艺流程及原料气集气管线主要采用加注缓蚀剂的方式降低腐蚀速率，缓蚀剂类型及加注制度应根据各井实际情况制订。

② 腐蚀监测主要可以通过统计分析超声波测厚、水质 / 气质分析、缓蚀剂残余浓度分析、目视检测、腐蚀探针及挂片监测分析等数据，并结合现场运行工况，对各井腐蚀状况和安全影响做出合理的判断。

③ 高压节流工艺：采用"固定式油嘴 + 笼套式节流阀"节流工艺技术。

（7）物资准备。

① 生产物资：包括高压节流阀备件、易损件备件、防冻剂、缓蚀剂、压力表、日常五金工具、防爆对讲机、防爆手电筒、应急照明灯、正压式空气呼吸器、便携式气体报警仪、灭火器等。

② 生活物资：生活物资满足投产操作人员食宿需求即可。

6.3　投产条件确认

6.3.1　设备及管道系统

（1）井口装置。

确认井口主要生产闸阀开关灵活可靠，井口装置及配件应齐全完整、外观干净清洁，无泥沙，无油污、无锈蚀，各密封部位无油、气、水泄漏，应有井口装置使用说明书、合格证书、试压报告、装箱单等相关资料。对于特殊井口装置（如进口井口装置、特制井口装置等）应有相关易损备件及使用维护说明书。

（2）高压节流橇。

确认高压节流橇上各节流阀开关灵活可靠，测温测压套、仪表、井安导阀及配件应齐全完整、外观干净清洁，无泥沙，无油污、无锈蚀，各密封部位无油、气、水泄漏，应有高压节流橇的试压报告，节流阀说明书、合格证及相关易损件备件。

（3）加热分离计量橇。

确认加热分离计量橇上各阀门开关灵活、可靠，水套炉、分离器、燃料气管线、排污截断阀、计量装置、仪表、井安导阀及配件应齐全完整、外观干净清洁，无泥沙，无油污、无锈蚀，各密封部位无油、气、水泄漏，应有各设备的试压报告、说明书、合格证、压力容器注册资料、流量计的检测资料。

（4）出站装置。

确认驻站装置上各阀门开关灵活可靠，清管装置、进出站安全截断阀、仪表及配件应齐全完整、外观干净清洁，无泥沙，无油污、无锈蚀，各密封部位无油、气、水泄漏，应有各设备的试压报告、说明书、合格证、压力容器注册资料、气液动阀门操作指南等。

（5）管道系统。

管道系统在按照设计文件规定内容和施工及验收规范的规定完成了全部安装工作后，按技术文件、施工记录及报告逐项进行检查。

6.3.2 自控系统

（1）系统安装。

在安装前，检验所有设备数量型号与技术协议和合同约定的符合性，并检查设备外观符合性。随后，在系统集成商的指导下进行系统机柜、操作台的安装与系统接地。系统集成商负责卡件安装、系统内部接线。安装完毕后，系统集成商负责检查系统安装、接线、电源及接地情况，然后负责通电启动。

（2）现场调试和测试。

装置开工前，系统集成商负责系统现场各类调试和测试（以下简称 SAT），使系统处于正常的工作状态，满足用户生产、操作、安全、技术管理要求，使系统完整地投入运行。系统测试和调试的内容、要求和记录应满足标准规范和用户要求，数据涉及上传中心井站及作业区以及中心井站和作业区有远程控制功能的，都应该一并进行测试，测试发现问题进行处理和调试直至测试合格。SAT 主要内容如下：

① 进行系统接地电阻、电源设备和电源卡件测试，各类卡件和模块通电状态检查，进行带电插拔测试；

② 系统硬件、软件配置检查，进行系统总线、网络通信功能和操作画面功能测试；

③ 系统显示功能、运算功能、操作与控制功能、报警功能、记录功能与打印功能测试；

④ 回路测试。包括控制回路、控制方案测试，联锁回路、联锁程序测试；

⑤ 系统诊断、维护、修改功能测试，系统热备冗余测试，以及其他设计文件和工程实际需要进行的测试。

（3）系统投运和保运。

装置开工期间，系统集成商派有经验工程师到现场，及时处理系统各种问题，保证系统工作正常。

（4）现场验收。

装置开工后，系统所有问题都已经解决，正常运行 168h 后，系统集成商提供各类竣工验收的技术资料，且经过专业人员复核后，由项目实施部门组织系统验收。

系统验收应提供系统检查测试各种测试记录和报告。

6.3.3　生产辅助及配套设施

（1）电气系统。

超高压含硫气井站场电气系统应在施工单位按照规范要求安装、施工并通过验收后，按《电气系统检查表所列条款》逐项进行核实确认，无问题即具备投运条件。所有设备技术档案及试验记录应交气矿及属地生产管理单位存档备案，电气操作人员应对各台设备进行全面的视检，合格后方可投运。

① 电气设备试运行前提：外电源已正常供电。

② 检查表包括的主要设备有发电机、低压电器、UPS 装置、电缆敷设、照明装置、接地装置。

（2）安防设施。

在气井投运前，基建部协同属地生产管理单位按设计文件要求配备各类型的灭火器，并配备齐全操作人员的劳动保护用品。试生产前由属地生产管理单位根据开井初期现场人员数量，配备一定数量已调校合格的四合一便携式气体检测仪与正压式空气呼吸器，便携式逃生呼吸器与充气泵需满足试生产需求。

投运初期气矿消防大队调派消防车一辆作为应急消防抢险使用。

（3）燃料气系统投运前准备。

① 完成系统吹扫试压并进行全面检查，要求工艺流程畅通，所有阀门处于正确的开关状态，水、电及仪表风引入装置并运转正常，确认能正常供给开工燃料气。

② 氮气置换：引入氮气至燃料气罐，并置换至各用户点排放，取样分析置换气中氧含量不大于 2% 合格。倒开工燃料气界区阀盲板。

③ 进行泄漏性试验。氮气置换完成后，对系统加压至设计压力，对燃料气系统进行检漏。

④ 将系统内氮气泄压至微正压，缓慢打开燃料气进气阀，并打开各处末端甩头，置换燃料气系统内的氮气，置换合格后，关闭末端甩头，系统压力升至设定值待用。

（4）放空火炬投运前准备。

①完成系统的吹扫试压并进行全面检查，要求工艺流程畅通，所有阀门处于正确的开关状态，水、电、燃料气及仪表风引入装置并运转正常，确认放空系统各低点无积液，分液罐内污水排尽。

② 氮气置换：放空火炬单元氮气置换可与主体流程氮气置换同时进行，并在主体装置置换合格后实施。用氮气置换出系统中的空气，并取样分析置换气中氧含量不大于 2%（合格）。

③ 泄漏性试验：火炬系统氮气置换后，即可进行检漏，检漏压力为设备最高工作压力。

④ 点火放空：确认燃料气已经供应至放空火炬点火器，点燃放空火炬长明灯。可采取的点火方式包括电点火、外传点火和内传点火等。

⑤ 仪表调校与测试：在仪表调试运转正常后，按设定值投入自动运行。

（5）药剂加注系统。

① 完成加注系统试压并进行全面检查，要求药剂加注流程畅通，所有阀门处于正确的开关状态。

② 加注泵测试运转正常，排量能够达到设计要求。

③ 药剂储罐内倒入对应的药剂，满足防冻剂和缓蚀剂的加注制度。

（6）排污系统。

① 投运前的检查。完成系统的吹扫试压并进行全面检查，要求工艺流程畅通，所有阀门处于正确的开关状态，仪表风引入装置并运转正常，自动排污阀能够正常开关，确认气田水罐内污水已排尽。

② 氮气置换：排污单元氮气置换可与主体流程氮气置换同时进行，在主体装置置换合格后实施。用氮气置换出系统中的空气，并取样分析置换气中氧含量不大于 2%（合格）。

③ 确认分离器排污阀能在设定的液位值范围内自动进行动作，并确认分离器、气田水罐液位，各自控阀门状态能正确传输至站控系统。

6.3.4　完工交接

试生产前由施工单位向建设单位按完工交接要求进行完工交接或中间交接。

由设计、监理、检测、施工单位提交设计数据、施工数据等，包括站场主要设备的"三证一书"（产品合格证、材质证明、试压合格证、使用说明书）；管线、流程试压；相关设施的安装调试情况，焊缝检测数据，PCM 检测报告，自控调试报告，氮气置换空气合格报告等。主要要求如下：

① 现场流程安装与施工设计图纸一致，所采用设备、阀门、管线压力等级与设计一致，安装符合设计及规范要求；

② 施工方安装的所有设备必须具备"三证一书"；

③ 集输气管线和场站工艺管线有检测合格证，压力容器已完成报建工作；

④ 具有场站工艺流程、集气支线的置换、吹扫、通球、试压合格的记录、数据；

⑤ 投产前集气支线及流程内由施工单位元完成氮气置换空气或清水试压时注入的水并有氮气置换记录、数据；

⑥ 交接中检查出的问题由建设及施工单位负责限期整改，整改完成后通报属地生产管理单位并进行现场检查确认。

完工交接过程中，由建设单位组织相关部门成立完工交接督查组对完工交接过程及结果进行检查确认后，报请公司相关部门申请对相关工作予以指导及确认。

6.4 开井前准备

6.4.1 井口装置维护保养

超高压含硫气井投产前，若存在井口装置未进行维护保养、阀门操作不便、部分阀门存在内漏可能性的情况，则进行井口阀门注脂、润滑油，提高井口阀门可靠性，保障管线设备安全。

同时，超高压含硫气井井口压力高，节流效应明显，为提高井温，可能会进行井口放喷操作；而对于高含硫气井，则会利用井口放喷的方式降低原料气中的有机硫。因此需对井口放喷流程进行检查，对阀门进行注脂保养，确保井口放喷过程安全可靠。

6.4.2 环空泄压

超高压含硫气井为保护油层套管不被腐蚀，通常井下均下有封隔器，A 环空充有氮气或保护液，其压力值应根据油管强度确定。B 环空、C 环空正常不应带压，但因固井质量的好坏存在带压的现象，在投产前应明确油套管抗内挤强度、抗外压强度，核实各级环空压力允许值范围，若超过高限值，应通过进行放喷管线及时进行泄压，保证气井安全。

6.4.3　地面设备保温

超高压含硫气井生产时地面节流效应严重，导致水合物形成影响气井生产，地面设备保温可采用蒸汽保温，电伴热。开井前，根据各井地面工艺流程关键节点的水合物形成温度预测结果，确定水套炉水浴温度、化学抑制剂加注制度等参数。开井初期，由于井筒流动温度上升至稳定状态需一定时间，应根据实际需要采用蒸汽锅炉车对井口装置及高压节流部分进行加热、保温，防止井口装置及高压节流橇发生冰堵。根据前期经验，需在开井前 1h 对井口装置及高压节流管线实施保温措施，保温措施采用蒸汽软管 + 保温棉 + 铝皮包裹的方式。

6.4.4　气密性试验、敏感性试验

（1）气密性试验。

地面建设过程中，已经采用水或空气为主体设备管线进行强度和严密性试压，但仪表、变送器、导压管等附属设施未参与试压，在投产过程中可能出现仪表泄漏，所以在投产前必须利用已建管线中的天然气升至输压进行气密性试验，场站所有设备参与，保证所有仪表接头不漏。气密性试验的操作如下：

①在进行场站天然气升压过程中，场站内所有人员必须撤离至警戒区域外；

②升压应平稳进行，控制升压速度（不大于 1MPa/h），每上升至预计压力（1.0MPa、2.0MPa、3.0MPa）后，各稳压 0.5h，每次稳压期间需对场站设备进行验漏检查，对管线进行巡线检查，当升压至运行压力后，稳压 4h 后可巡线验漏；

③在整个升压阶段，场站所有承压设备、管线、仪表、变送器均处于倒通状态，且除必要的参与操作及检漏人员外，其他人员一律不得进入到场站内；

④升压投运前，建设单位告知管道沿线政府部门，在警戒工作遇阻时向其

求助。升压投运验漏时，由管道巡护组沿线进行施工段管道线路部分的走线检查、巡线监控。

（2）敏感性试验。

为了避免场站工艺设备和天然气输送管线等在硫化氢的作用下发生开裂，高含硫气井投产前应将站场工艺设备和天然气输送管线倒入酸气进行 48 ～ 72h 的敏感性试验。在试验过程中，可将醋酸铅试纸铺在各管线设备法兰、接头处，观察试纸颜色变化情况；定时记录各相关压力节点数据；同时派专人佩带好空气呼吸器在场站进行验漏。

6.4.5 参数设置确认

目前超高压含硫气井自控信息化程度较高，设计单位根据气矿提供的气井信息提供工艺设计要求，在此基础上明确各项生产运行参数及联锁控制参数，在投产前由工艺技术人员现场确认无误。

超高压含硫气井节流降压级数较多，为保障安全，在不同设计压力界面的节流后设置了压力取源点，接入自控系统参与井口及出站联锁。在开井操作前，因场站为输压，对于高压部分处于低联锁状态，应将自控系统中的低联锁控制信号临时倒入旁路，但必须保留高联锁，待气井生产稳定后，再将倒旁路的联锁投入正常。

自控系统临时倒入旁路或恢复正常操作应在取得现场指挥批准后进行，宜在相关专业技术人员的监督下由现场操作人员完成，操作完成后需确认倒入旁路或恢复正常的有效性。该操作可不执行临时变更程序，但气井正常生产期间由于自控系统故障需临时倒入旁路，应执行临时变更管理程序。

6.4.6 内外协调沟通

开井前，协调、组织各单位相关人员、设备等到现场参与投产前的准备工作以及开井过程中的技术支撑、安全保障等工作。

气井投运准备工作期间，由属地生产管理单位负责对井场公路进行清障，确保交通顺畅，并根据情况与地方进行协调，进行道路警戒。开井前，属地生产管理单位负责与上下游井站的协调沟通，确认上下游井站一切准备就绪后，方可进行开井操作。同时属地生产管理单位应成立应急消防组，负责外部联系工作，联系当地政府部门，以便在紧急情况启动安全应急预案时，可在第一时间转移周围居民及开展现场救援工作。

6.5　开井操作

6.5.1　开井方式确定

根据各井的实际情况，超高压气井的开井方式可分为常规开井和先大产量放喷提升井筒温度再导入生产流程生产两种开井方式。

针对开井初期井筒温度较低，小产量条件下生产存在形成井筒水合物的风险的气井，可利用超高压含硫气井放喷泄压流程大产量放喷提升井筒流动温度，待井筒流动温度升至水合物形成温度以上或稳定后再导入地面工艺流程生产。针对此类气井，属地生产管理单位应提前联系当地相关部门，告知井站周围居民，做好放喷期间的警戒工作。

针对井筒温度高于水合物形成温度预测值的气井，可采用常规开井的方式开井生产，即无需大产量放喷提温过程，直接导入生产流程生产。

6.5.2　人员安排

开井前属地生产管理单位应明确各岗位操作人员及指挥人员，各关键操作点需有专人操作，并明确其职责，做到"定点、定人、定责"，根据前期经验，推荐按照表 6-1 安排开井操作人员。

表 6-1　开井操作人员安排表

序号	岗位	人员	职责	人员位置
1	操作指挥	现场总指挥	负责指挥各岗位点操作	仪控室
2	仪控操作	当班员工	负责开井时各点压力及流量监控	仪控室
3	井安系统控制柜操作	当班员工	负责井安阀开关，现场操作；负责异常情况下的紧急切断	井安控制柜

续表

序号	岗位	人员	职责	人员位置
4	远程监视	中心站人员	负责投产试运行期间，各关键参数监视	中心井站
5	各级节流：节流阀操作	当班员工	负责节流阀的开度调整，确保压力、产量等在规定范围内	井口及各级节流装置
6	管线巡检	中心站驻站巡管工	负责管线升压、运行中的巡检	管线

6.5.3 高压部分验漏

正式开井前倒通高压末级节流阀后端流程，关闭高压末级节流阀，高压末级节流后的压力高联锁投用，打开井安翼阀及井口生产闸阀，高压末级节流前管线压力平油压后关闭翼阀和井口生产闸阀，利用原料气进行 0.5h 的高压部分稳压，操作人员穿戴空呼进行验漏，合格后进行正式开井操作。

6.5.4 开井操作

（1）开井条件确认。

① 确认已根据需要，向井筒内加注了适量的水合物化学抑制剂。

② 确认已检查中压流程，导通出站生产流程，高压部分、分离器、出站手动放空流程已关闭，安全阀已投入使用状态，水套炉已提前 4h 预热且运行正常，排污系统已正确投入自动调节模式。

③ 确认放空火炬已点火，正常燃烧。

④ 确认已与上下游井站联系好，并倒通原料气、净化气流程。

⑤ 确认已将低压联锁控制信号倒入旁路，并投入高压联锁信号。

⑥ 确认已设置好各级节流阀开度。

⑦ 确认已打开井下安全阀、井口 1# 阀、井口 4# 液动阀及一级生产闸阀。

（2）开井操作。

① 利用井安控制系统全开井安翼阀，之后手动打开井口二级生产闸阀。

② 控制节流阀阀门开度：逐步缓慢调节各级节流阀开度。期间观察各节流

点压力是否在运行要求范围内，监测、控制水套炉及火炬区各项参数运行正常，调整各级节流阀开度分配各点压力在工艺参数要求范围内。初期考虑提升井温，降压带液，可适当提产，最终控制到配产量。

③ 各级压力初步稳定后，启动防冻剂加注泵，打开加注流程，泵入水合物化学抑制剂，进一步防止开井初期节流冰堵。

④ 观察一段时间，生产稳定后，投入开井前倒入旁路的所有导阀及电信号联锁。

（3）开井期间流动保障及井完整性保障

① 待气井生产稳定后，观察井口及地面工艺流程各关键节点流动压力及温度，若实际流动温度高于水合物形成温度，则考虑停止地面工艺流程乙二醇的加注。

② 考虑到原料气含硫，为降低腐蚀速率，在分离器后加注口将缓蚀剂以雾状喷入管道内，使缓蚀剂雾滴均匀分散在气流中，并吸附在管道、设备内壁，起到防腐效果。

③ 生产期间应严密监控各环空压力值，若生产过程中出现环空压力异常升高情况，属地生产管理单位应立即上报，根据井完整性评价结果，若环空压力值存在超压风险，由气矿启动相应应急程序。

6.6　典型案例——ST12 井开井操作

以 ST12 井为例描述装置投产、正常生产、事故工况及停产关井的操作，其余超高压气井开井投产操作可根据所投产单井设计参数做调整。ST12 井工艺流程如图 6-1 所示。

6.6.1　ST12 井—ST8 井场站管线氮气置换空气

ST12 井场站至 ST8 井设备、管线（含原料气、净化气）氮气置换空气由基建部负责置换完成，置换过程中属地单位全程参与监督，相关数据在完工交接时由项目部转交给属地单位技术人员。

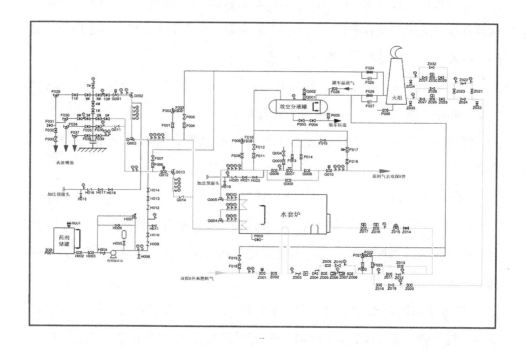

图6-1　ST12井工艺流程图

6.6.2　净化气管线天然气置换氮气

天然气置换氮气具体流程操作由属地生产单位负责实施，利用ST8井输送的净化气将氮气推至ST12井进行放空。

（1）天然气置换氮气准备工作。

ST12井燃气进站控制回路的联锁方式见表6-2。屏蔽ST12井燃料气进站低联锁，拆卸用于气体检测点的相关压力表，并确认下端旋塞阀关闭。

表6-2　ST12井燃气进站控制回路联锁方式

序号	压力取样点	电信号控制回路高联锁	导阀控制回路高联锁	电信号控制回路低联锁	导阀控制回路低联锁
1	燃料气来气			旁路	

（2）天然气置换氮气放空点和检测点。

放空点：ST12 井燃料气放空二级控制阀 F018。

检测点：观察火炬火焰燃烧情况。

（3）天然气置换氮气操作。

从 ST8 井燃料气管线至 ST12 井进行天然气置换氮气。

流程切换：打开 ST12 井燃料气进站总阀 Z001，导通燃料气下游流程，打开燃料气放空阀 F018；缓慢开启 ST8 井燃料气去 ST12 井出站阀 Z201；

（4）燃料气流程升压验漏。

天然气置换氮气检测合格后，控制 ST8 井燃料气去 ST12 井出站阀开度，控制管线升压的速度，对 ST12 井燃料气流程升压。

ST12 井升压操作：关闭燃料气放空阀 F018。

ST8 井操作：控制 ST8 井燃料气去 ST12 井出站阀 Z201 开度，使升压平稳进行。

验漏操作：待燃料气管线压力平衡后，对 ST12 井燃料气流程和双探 8 井扩建燃料气流程进行验漏、紧固。

6.6.3　原料气管线天然气置换氮气

天然气置换氮气具体流程操作由属地生产单位负责实施。因 ST12 井试采地面集输工程设计原料气和净化气管线相互独立不能互通，且剑阁净化厂已投运，不具备从双鱼石集输南干线导净化气进 ST12 井的原料气管线的条件。

现场拟利用钢编高压软管在 ST8 井进出站区，分别连接燃料气去 ST12 井管线出站压力表接头和 ST12 井来原料气管线进站压力表接头，实现净化气从 ST8 井推氮气至 ST12 井放空。

（1）天然气置换氮气准备工作。

ST12 井与 ST8 井进站区联锁方式见表 6–3。屏蔽 ST12 井及 ST8 井进站区所有低联锁，拆卸用于气体检测点的相关压力表，并确认下端考克关闭。

表 6-3　ST12 井与 ST8 井进站区联锁方式

序号	压力取样点	电信号控制回路高联锁	导阀控制回路高联锁	电信号控制回路低联锁	导阀控制回路低联锁
1	二级节流阀后	投入	投入		
2	四级节流阀后	投入	投入	旁路	旁路
3	出站压力			旁路	
4	燃料气来气			旁路	
5	ST8 井站内进站压力			旁路	

（2）天然气置换氮气放空点和检测点。

放空点：ST12 井二级节流后放空阀 F004、F005。

检测点：水套炉进口前压力表旋塞阀、出站压力表旋塞阀，观察火炬燃烧情况。

（3）天然气置换氮气操作。

从 ST8 井至 ST12 井进行天然气置换氮气。

流程切换：ST12 井开启出站总阀 G010、出站区阀门 G009，水套炉三级节流阀、四级节流阀 G005、G004，二级节流后放空一级阀 F004、二级阀 F005；ST8 井确认开启进站总阀 G201，开启收球阀组控制阀 G202、G203、G204、G205。

高压软管连接完成后，缓慢开启高压软管连接旋塞阀，使双探 8 井净化气进入新建原料气管线置换氮气。

（4）技术要求。

① 置换前应反复检查各阀门状态是否与方案一致，确保置换完全。

② 置换时应控制天然气推运速度为 3 ~ 5m/s（或者以起点压力为 0.1MPa 进行天然气置换氮气）。

6.6.4　集气支线及场站流程升压

（1）升压操作。

天然气置换氮气检测合格后，控制管线升压的速度，对双探 8 井至双探 12 井管线和站内流程升压。

①ST12 井升压操作：关闭二级节流后放空二级阀 F005。

②ST8 井操作：控制旋塞阀开度，使升压平稳进行。升压完成后关闭 Z201。

（2）技术及安全要求。

①升压应平稳进行，控制升压速度，（不大于 1MPa/h）。每上升至预计压力（1.5MPa、3.0MPa）后，稳压 1h，每次稳压期间需对新安装的场站设备和仪表引压管线进行验漏检查；当升压至当时输压后，巡管工进行巡线验漏。

② 升压投运前，属地生产单位告知管道沿线政府部门，在警戒工作遇阻时向其求助。

③ 升压投运时，管线两侧的居民告知工作要提前进行，巡线组确认管线两边 100m 内应无大型土建施工，尽量确保居民安全。

④ 升压投运验漏时，由管道巡护组沿线进行施工段管道线路部分的走线检查、巡线监控。

6.6.5　酸气验漏

净化气升压验漏完成后，通过二级节流后放空阀 F004、F005 对 ST12 井场站进行放空，直至放空为 0。打开 ST8 井站内 ST12 井来气切断阀 G201，收球阀组旁通阀 G205。因 ST8 井站内新建分离器出口设置有一只单向阀，ST8 井原料气无法倒入集气支线，故在进行酸气验漏前，由施工单位负责将单向阀临时调向。ST8 井操作：缓慢开启 ST8 井进站区接分离器前管线阀门 G211，利用 ST8 井分离器前原料气倒入 ST12 井场站进行酸气验漏，升压至当时的输压后，ST12 井及 ST8 井场站员工进行设备管线验漏，巡管工进行管线巡线验漏，并观察压降情况。

待酸气验漏合格后，对 ST8 井站内单向阀进行恢复。

（1）水套炉烘炉操作。

试生产前，水套炉需要进行 24h 的烘炉。当水套炉液位达到水位计标尺的 80% 时，停止加水并进行点火操作；水套炉升温至 95℃时，利用已设置的温度进行维持。具体操作详见水套炉点火操作规程。

（2）防止水合物形成操作。

模拟计算生产气井在（5 ~ 20）×10⁴m³/d 生产时，井筒中水合物的形成温度及井筒中的流动温度。

参考 L004-X1 井瞬时开关井时，发生过水合物堵塞的现象，投产初期和瞬时开关井时存在水合物生成风险，在投产前加注防冻剂防治水合物。

以 ST12 井为模型，计算气井在不同产量条件下生产时，井筒中水合物的形成温度以及井筒中的流动温度，结果见表 6-4、表 6-5。

表 6-4　ST12 井气井井筒内水合物形成温度预测

井深 /m	不同产量条件下的水合物形成温度 /℃					不同产量条件对应流动压力 /MPa	
	$5 \times 10^4 m^3/d$	$10 \times 10^4 m^3/d$	$11 \times 10^4 m^3/d$	$15 \times 10^4 m^3/d$	$20 \times 10^4 m^3/d$	$10 \times 10^4 m^3/d$	$11 \times 10^4 m^3/d$
0	30.16	29.41	29.20	28.53	27.48	60.89	59.77
1000	30.56	29.83	29.62	28.97	27.93	63.89	62.74
2000	30.90	30.22	30.01	29.37	28.35	66.81	65.64
3000	31.30	30.58	30.38	29.74	28.75	69.63	68.43
4000	31.63	30.92	30.72	30.09	29.11	72.37	71.15
5000	31.93	31.23	31.05	30.42	29.45	75.03	73.79
6000	32.22	31.53	31.36	30.72	29.77	77.66	76.39

表 6-5　ST12 井井筒内流动温度预测

井深 /m	不同产量条件下的井筒内流动温度 /℃				
	$5 \times 10^4 m^3/d$	$10 \times 10^4 m^3/d$	$11 \times 10^4 m^3/d$	$15 \times 10^4 m^3/d$	$20 \times 10^4 m^3/d$
0	22.60	29.07	30.26	35.28	41.65
1000	41.94	48.58	49.92	54.58	60.68
2000	61.28	67.93	69.26	74.18	79.76
3000	80.66	87.31	88.63	93.74	98.73
4000	100.08	106.77	108.04	112.81	117.36
5000	119.74	126.31	127.45	131.42	135.26
6000	139.59	144.53	145.26	147.72	150.24

表 6-4 中，按照产量（11～20）×10⁴m³/d，井口温度能够达到 30℃以上，高于水合物形成温度。为进一步预防水合物的形成，开井前由气田维修中心负责向井筒泵注乙二醇 600L。

投产前开井生产后根据各级节流后实际情况选择化学药剂加注方式和加注量。

（3）开井初期火炬长明火。

为确保开井操作及生产期间紧急放空的及时性和有效性，提前对 ST12 井火炬引火管进行点火，保持长明火。

长明火燃烧时间视试生产期间生产情况而定。当 ST12 井产量、压力稳定后，可关闭长明火。

（4）污水车提前到场待命值守。

ST12 井投产前一天由作业区安排一辆污水车对 ST8 井气田水罐污水清空，ST12 井投运后，另派一辆污水车在 ST8 井值守 3d。

6.6.6　开井操作

开井初期按照（15～25）×10⁴m³/d 配产，各级节流阀预留一定开度的方式进行开井。

（1）开井操作前检查。

① 检查中压流程，导通出站生产流程，关闭二级节流阀、四级节流阀后、出站手动放空流程，安全阀投入使用状态，水套炉水浴温度已达 95℃，运行正常，ST8 井进站分离器排污系统投入手动模式。

② 确认放空火炬已点火，正常燃烧。

③ 设置开井前各级节流阀开度，二级节流阀关闭、三级节流阀微开、四级节流阀微开。

④ 确认打开井口 1# 阀、井口 4# 液动阀。

（2）开井操作前高压部分验漏。

① 检查井口 1# 阀、4# 阀处于打开状态，二级节流阀、三级节流阀、四级节

流阀处于关闭状态；井安翼阀至四级节流前所有压力表、压力变送器全开，二级节流后高联锁投用。

② 开启井口 8# 阀、10# 阀，通过井安控制柜开启井安系统翼阀，使二级节流前管线升压至油压。

③ 中控室重点观察二级节流后压力是否上升。若二级节流后压力快速上升，则立即关闭井安翼阀；若二级节流后压力没有上升，压力稳定至油压后关闭井安翼阀并进行压力数据记录及验漏。

④ 验漏结束后，等待开井指令，若后续马上开井，则保持井安翼阀开启；若暂缓开井，则关闭井安翼阀。

（3）开井操作。

① 利用井安控制系统全开井安翼阀，之后手动打开井口 8# 阀，手动打开井口 10# 阀。

② 提前将三级节流阀 G004、四级节流阀 G005 打开一定开度。

③ 由于 ST12 井二级节流阀为电动笼套式节流阀，现场通过 RTU 柜控制面板远程控制，根据配产要求，观察流量、各级节流压力、进出站压差，以 5% 开度为梯度调节二级节流阀。

④ 控制节流阀阀门开度调节三级节流阀、四级节流阀开度。期间观察各节流点压力是否在运行要求范围内，监测、控制水套炉及火炬区各项参数运行正常，调整各级节流阀开度分配各点压力在工艺参数要求范围内，初期考虑提升井温。

参考文献

[1] SY/T 6581—2012，高压油气井测试工艺技术规程 [S]. 北京：石油工业出版社，2012.

[2] GB/T 26979—2011，天然气藏分类 [S]. 北京：中国标准出版社，2011.

[3] DNV–OS–E201, Oil and Gas Processing Systems[S]. Oslo: Det Norske Veritas, Norway, 2005.

[4] Lee B I, Kesler MG. Generalized Thermodynamic Correlation Based on Three– parameter Corresponding State[J]. The Global Home of Chemical Engineers, 1975, 21(3): 510.

[5] API–2005 Technical Data Book (seventh ed.)[S]. Houston: Epcon International, 2005.

[6] Plocker. U, Knapp. H, Prausnitz. J. Calculation of High–pressure Vapor–liquid equilibria from a Corresponding–states Correlation With Emphasis on Asymmetric Mixtures[J]. Industrial & Engineering Chemistry Process Design&Development, 1978(3):324–332.

[7] Reid R C, Prausnitz J M. The Prosperities of Gases and Liquids[M]. 4th ed. McGraw–Hill: Nwe York, NY, USA, 1989.

[8] 伍沅 . 撞击流：原理·性质·应用 [M]. 北京：化学工业出版社，2006：258.

[9] Prausnitz J M, Rudiger N L, de Azevedo E D, et al. Molecular Thermodynamics of Fluid–phase Equilibria[M]. Upper Saddle River: Prentic Hall, 1999.

[10] Sloan E D, Koh C A. Clathrate Hydrates of Natural Gases[M]. 3rd ed. New York: CRC Press, 2007.

[11] Ballard A L, Sloan JR E D. The Next Generation of Hydrate Prediction:I. Hydrate Standard States and Incorporation of Spectroscopy[J]. Fluid Phase Equilibria, 2002, 194: 371–383.

[12] Campo–Cacharr N A, Cabaleiro–Lago E M, Carrazana–Garc A J A, et al. Interaction of Aromatic Units of Amino Acids with Guanidiniumcation: The Interplay of $\pi \cdots \pi$, XH$\cdots \pi$, and M+$\cdots \pi$ contacts[J]. Journal of Computational Chemistry, 2014,35(17): 1290–1301.

[13] Ioannis T, Georgios M K, Michael L M. Modeling Phase Equilibria for Acid Gas Mixtures Using the CPA Equation of State. I. Mixtures with H_2S[J]. The Global Home of Chemical Engineers, 2010, 56(11): 2965–2982.

[14] Kontogeorgis G M, Folas G K. Thermodynamic Models for Industrial Applications: From Classical and Advanced Mixing Rules to Association Theories[M]. New Jersey: Wiley, 2009, 266.

[15] Pappa G D, Perakis C, Tsimpanogiannis I N, et al. Thermodynamic Modeling of the Vapor–liquid Equilibrium of the CO_2/H_2O Mixture[J]. Fluid Phase Equilibria, 2009, 284(1): 56–63.

[16] Perakis C, Voutsas E, Magoulas K, et al. Thermodynamic Modeling of the Vapor–liquid Equilibrium of the water/ethanol/CO_2 System[J]. Fluid Phase Equilibria, 2006, 243(1/2): 142–150.

[17] Huang S H, Radosz M. Equation of state for small, large, polydisperse, and associating molecules[J]. Industrial &. Engineering Chemistry Research, 1990, 29(11)2284–2294.

[18] Waals J H, Platteeuw J C. Clathrate solutions[J]. Advances in Chemical Physics, 1958, 2(1): 1–57.

[19] Sakamoto Y, Nakano Y, Kaneko F, et al. Experimental and Numerical Studies on Dissociation of Methane Hydrate by Simultaneous Injection of Nitrogen and Hot Water[J]. International Journal of Offshore and Polar Engineering, 2021, 31(2): 186–198.

[20] Nakano S, Moritoki M, Ohgaki K. High–pressure Phase Equilibrium and Raman Microprobe Spectroscopic Studies on the CO_2 Hydrate System[J]. Journal of Chemical and Engineering Data, 1998, 43(5): 807–810.

[21] Selleck F T, Carmichael L T, Sage B H. Phase Behavior in the Hydrogen Sulfide–water System[J]. Industrial&Engineering Chemistry, 1952, 44(9): 2219–2226.

[22] 黄强，孙长宇，陈光进，等. 含（CH_4+CO_2+H_2S）酸性天然气水合物形成条件实验与计算 [J]. 化工学报，2005，（7）：1159–1163.

[23] Zhao C T. Flow Assurance and its Application in Deep Water Filed Development[A]. 第十届中国科协年会"深水技术产业发展国际研讨会"论文集 [C]. 2008.

[24] 王武昌. 管道中水合物浆安全流动研究 [D]. 北京：中国科学院研究生院. 2008.

[25] 王书森，吴明，王国付，等. 管内天然气水合物抑制剂的应用研究 [J]. 油气储运，2006（2）：43–46+52+62+1.

[26] 刘庭崧，刘妮.醇类抑制剂对甲烷水合物形成的影响 [J].原子与分子物理学报，2022，39（1）：7–11.

[27] 吕晨爽，李凌峰.天然气集输系统水合物抑制剂用量优化 [J].当代化工，2019，48（2）：354–357.

[28] 赵宏林，周鹏，代广文，等.水下采油树水合物抑制剂注入研究 [J].石油矿场机械，2015，44（04）：47–50.

[29] 杨健，黄耀，杨渊宇，等.超高压含硫气井 L004–X1 井井筒解堵工艺浅析 [A]2018 年全国天然气学术年会论文集（04 工程技术）[C]，2018:300–308.

[30] 姚培芬.油气管道 CO_2 与 H_2S 腐蚀与防护研究进展 [J].腐蚀与防护，2019，40（5）：327–331+369.

[31] 潘卫军.埋地管道材料的 H_2S 应力腐蚀研究 [D].南京：南京工业大学，2004.

[32] 熊林玉.管线钢焊接接头的显微组织及 HIC 性能研究 [D].天津：天津大学，2004.

[33] ISO–15156–1–2015, Petroleum and Natural Gas Industries – Materials for Use in H_2S– Containing Environments in Oil and Gas Production – Part 1: General Principles for Selection of Cracking–resistant Materials[S]. Switzerland, 2015.

[34] 郭旭晓.高含硫气田腐蚀机理及防护 [J].内蒙古石油化工，2014，40（16）：28–29.

[35] 王帆，李娟，李金灵，等.金属管道在 CO_2/H_2S 环境中的腐蚀行为 [J].热加工工艺，2021，50（4）：1–7.

[36] Li D P, Zhang L, Yang J W, et al. Effect of H_2S Concentration on the Corrosion Behavior of Pipeline Steel under the Coexistence of H_2S and CO_2[J]. International Journal of Minerals Metallurgy and Materials. 2014(4): 388–394.

[37] Park J S, Lee J W, Hwang J K, et al. Effects of Alloying Elements (C, Mo) on Hydrogen Assisted Cracking Behaviors of A516–65 Steels in Sour Environments[J]. Materials, 2020, 13(18): 4188.

[38] Takabe H, Kondo K, Amaya H, et al. The Effect of Alloying Elements on Environmental Cracking Resistance of Stainless Steels in CO_2 Environments with and without Small Amount of H_2S[J]. NACE – International Corrosion Conference Series, 2012, 3: 2116–2130.

[39] Tao D, Thodla R, Kovacs W, et al. Effect of Postweld Heat Treatment on the Sulfide Stress Cracking of Dissimilar Welds of Nickel–based Alloy 625 on Steels[J]. Corrosion, 2019, 75(6): 641–656.

[40] Tao D, Lippold J C. The Effect of Postweld Heat Treatment on Hydrogen–assisted Cracking of f22/625 Overlays[J]. Welding Journal, 2018, 97(3): 75–90.

[41] Tao D, Lippold J C. The Effect of Postweld Heat Treatment on Hydrogen–assisted Cracking of 8630/Alloy 625 Overlay[J]. Welding in the World, 2018, 62(3): 581–599.

[42] Zhang Q H, Wang S Y, Lu H L, et al. Impact Velocity–dependent Restitution Coefficient Using a Coupled Eulerian Fluid Phase–Eulerian Solid Phase–Lagrangian Discrete Particles Phase Model in Gas–monodisperse Particles Internally Circulating Fluidized Bed[J]. International Journal of Multiphase Flow, 2018, 105: 142–158.

[43] 邓聚龙. 灰色控制系统 [J]. 华中工学院学报, 1982(3): 9–18.

[44] GB 50350—2015, 油气集输设计规范 [S]. 北京：中国计划出版社, 2015.

[45] GB/T 50770—2013, 石油化工安全仪表系统设计规范 [S]. 北京：中国计划出版社, 2013.

[46] GB 50540—2009, 石油天然气站内工艺管道工程施工规范（2012 年版）[S]. 北京：中国计划出版社, 2010.